远离疾病的

健康打扫术

〔日〕松本忠男◎著
张　颖◎译

北京科学技术出版社

KENKO NI NARITAKEREBA IE NO SOJI WO KAENASAI
by Tadao Matsumoto

Original Japanese edition published by FUSOSHA Publishing, Inc., Tokyo.

This Simplified Chinese language edition is published by arrangement with FUSOSHA Publishing, Inc.,Tokyo in care of Tuttle-Mori Agency, Inc., Tokyo through Future View Technology Ltd., Taipei.

著作权合同登记号 图字：01-2019-4110

图书在版编目（CIP）数据

远离疾病的健康打扫术 /（日）松本忠男著；张颖译．—北京：北京科学技术出版社，2019.10

ISBN 978-7-5714-0439-0

Ⅰ．①远… Ⅱ．①松… ②张… Ⅲ．①家庭—清洁卫生—关系—疾病—预防（卫生）—基本知识 Ⅳ．① TS975.7 ② R1

中国版本图书馆 CIP 数据核字（2019）第 149143 号

远离疾病的健康打扫术

作　　者：〔日〕松本忠男
译　　者：张　颖
策划编辑：韩　芳
责任编辑：宋增艺　林炳青
图文制作：北京瀚威文化传播有限公司
责任印制：张　良
出 版 人：曾庆宇
出版发行：北京科学技术出版社
社　　址：北京西直门南大街 16 号
邮政编码：100035
电话传真：0086-10-66135495（总编室）
0086-10-66113227（发行部）
0086-10-66161952（发行部传真）
电子信箱：bjkj@bjkjpress.com
网　　址：www.bkydw.cn
经　　销：新华书店
印　　刷：河北鑫兆源印刷有限公司
开　　本：787mm × 1092mm　1/32
印　　张：5
版　　次：2019 年 10 月第 1 版
印　　次：2019 年 10 月第 1 次印刷
ISBN　978-7-5714-0439-0 / R · 2656

定价：49.00 元

一天，我同往常一样来老奶奶的病房打扫卫生，然而病床已经空了。

不久，我收到老奶奶女儿的一封信，信中说到：“松本先生，您每天都来打扫我母亲的房间，一直以来承蒙您的照顾，在此深表谢意。”后来才知道，老奶奶是因为感染了耐甲氧西林金黄色葡萄球菌而去世的，我感到十分愕然。

耐甲氧西林金黄色葡萄球菌是普遍存在于人体口鼻腔内的金黄色葡萄球菌的一种。但是，和一般金黄色葡萄球菌最大的不同在于，它对于能够杀死一般细菌的抗生素有抗药性。健康的人可以通过自身的免疫力将其驱逐，而对免疫力极其低下的人来说，在自身免疫力和药物都不起作用的情况下，感染耐甲氧西林金黄色葡萄球菌是有致命风险的。

这种细菌会通过空气、地板、带菌者接触过的门把手和扶手等介质传播感染。也就是说，由于我没能采取正确的预防措施、没能彻底把病房清扫干净，老奶奶最终撒手人寰。

对此，我感到非常自责，身为专业人士的我还是小看了打扫这份工作。从那以后，我在打扫卫生的时候总是在想，怎么做才能让患者的住院环境更加卫生和舒适呢?

随后我发觉了一件事，那就是，只打扫地面是不会降低疾病传染风险的，必须按照人们的行动路线和模式，正确把

PREFACE 前言

近来，由于打扫卫生的方法不当而引发健康问题的例子层出不穷。

比方说，由于没能把家中发霉的地方打扫干净而导致儿童支气管哮喘发作。还有2017年10月27日日本媒体报道说，在打扫教室的投影仪屏幕时，14名小学生由于吸入大量灰尘而引发激烈的咳嗽等身体不良反应，其中8名被紧急送往医院。

在我们的日常生活中，身边的一些灰尘如果不被定期清理的话，会很容易成为滋生大量细菌和螨虫的温床，从而引发传染病和过敏性疾病。实际上，有数据表明，取1克家里的窗帘导轨或是置物架等地方积累的灰尘进行检测，里面就有7万~10万个细菌。

此外，如果打扫的方法不正确，还很有可能加剧季节性

传染病的传播，如夏季多发的手足口病、疱疹性咽峡炎，冬季多发的普通感冒、急性胃肠炎等。

比如，有的母亲在处理感染了诺如病毒的婴儿屎尿时不戴手套，直接用拧干的抹布擦拭脏污，结果导致自己也感染了病毒。再如，有的宾馆在用吸尘器处理感染了诺如病毒的客人的呕吐物时，忽视了病毒可以从吸尘器的排气装置向外播散，从而引发整层楼住客的集体感染。

幼儿和老人一旦感染这些传染病，甚至会有生命危险。

除此之外，传染病在世界范围内也层出不穷，比如埃博拉出血热、禽流感、寨卡热、SARS 以及在日本大肆流行过的风疹等。这些传染病来势汹汹，大家人人自危。对于我们来说，预防传染病难道不是一件切身且必须关注的事吗?

因此，除了勤洗手和常漱口之外，掌握正确的打扫卫生的方法也是极为关键的。

我在医院这个与人的健康和生命密切相关，并且从某种意义上来说十分特殊的环境中，从事打扫卫生工作已经有 30 年了。期间，于 1997 年成立公司，全面负责维护医院的环境卫生。时至今日，我除了担任龟田综合医院的打扫负责人之外，还负责维护横滨市立市民医院等各大医院的卫生环境，通过实训培养了 500 余名专业清扫人员。

打扫医院的卫生，意味着你必须从积灰、发霉
康隐患和各种传染病的威胁中保护患者的生命。但
察觉这一点的人又有多少呢?

有不少患者治好了原本的疾病，但是由于其免疫
加之一些医院的卫生状况不佳，导致继发性罹患传
幸去世。为了减少这样的事故，日本厚生劳动省于
月发布了医保费修改案，建议将“关于预防传染病
加费用”作为单独一项分拨出来。也就是说，日本
医疗投入也要提高医院的环境卫生质量，并采取有
预防传染病。

当然，不卫生的病房和厕所不仅会引发传染病
者的健康，也会给患者带来不安情绪和心理压力。

和一位老奶奶的相遇

这件事发生在我 25 岁左右，那时我刚开始从
的工作，负责打扫一位老奶奶的病房。

当时，我每天都觉得自己已经打扫得非常干
现在回想起来，那时的我并没有清楚地意识到房
携带致病细菌、经常用手接触的地方更易感染病
不上通过打扫来预防传染病了。

握疾病的源头（即污垢是如何积少成多从而变成感染源的），并掌握有效去除污垢的方法。

这个思路也同样适用于家庭打扫。用正确的方法来打扫，不仅能省去不必要的麻烦，而且清洁质量很高，让家人拥有健康的居住环境。

如今，在天国的老奶奶如果能看到我的努力和改变，那该有多好啊！

“远离疾病的健康打扫术”贵在坚持

在本书中，我将根据长年负责医院卫生工作而积累的经验，传授给大家适用于家庭的健康打扫术。估计有很多人在读过本书后会感到震惊，因为有些一直以来被公认为常识的事，以及自认为能够打扫干净的一些打扫方法，其实都是不正确的。

话虽如此，“远离疾病的健康打扫术”也并不是要百分之百去除家中所有的细菌和病毒，而是要创造一个人与细菌可以共生并且能够保持人体健康的卫生环境。我们必须掌握家中各个区域如何打扫才能预防疾病的方法。这样做还能节约时间，正可谓一举两得。

另外，把“健康打扫术”长久地坚持下去非常重要。“今天一整天我都要用来搞卫生”，像这样心血来潮的想法其实是没有意义的。即使今天把家里都打扫得一尘不染，之后弃之不管的话，细菌还是会大量繁殖，从而导致疾病。还有不少人三天打鱼两天晒网，或者极度怕麻烦，不愿动手。

在此我希望这些人能够稍微换个思维方式，在打扫卫生时，遵循以下两个原则：力所能及；想做就做。这其实也是我在日常生活中一直贯彻执行的。

“在自己力所能及的范围内一点一点地打扫”，我希望大家都有这样的心态。根据本书教给大家的方法，做多少都可以。总之，比起那些了不得的决心，先行动起来才最重要。

另外，“想做就做”其实比较容易养成习惯。做任何事一旦形成习惯，就不会感到有多大负担，打扫卫生也是一样，养成习惯之后就会感到比之前轻松多了。

本书第 1、2 章主要说明了疾病和打扫之间有什么关系。流感、急性胃肠炎等传染病的发病是有一定规律的，容易引发哮喘、花粉症等过敏性疾病的霉菌、花粉等变应原的积少成多也是有一定规律的，依据这些规律采用有效的打扫方法就可以有效地预防疾病。

第 3、4 章主要介绍如何分别打扫厕所、厨房、客厅等不同区域才能有效地预防疾病。

医疗法人龟田综合医院的名誉理事长龟田俊忠先生规范了一些有关于医学方面的专业术语，特此感谢。

CONTENTS 目录

第1章 家庭打扫其实问题多多

第2章 预防不同疾病的打扫诀窍

第3章 不同房间的打扫诀窍

第1章
家庭打扫其实问题多多

用普通方法打扫家里卫生的话，真的能打扫干净吗？实际上，越是卖力打扫的人反而越会在不知不觉间把房间弄脏，使得家人感染疾病的风险增大。目前市面上热卖的扫地机器人、吸力强劲的吸尘器、有口碑的清洁剂等，都隐藏着你意想不到的陷阱。本章将详细介绍如果用错了打扫方法会导致什么样的疾病以及该如何应对。

Point 1

扫地机器人：吸尘还是扬尘？

扫地机器人有三个缺点

在 21 世纪初期，美国有一款叫“艾罗伯特”（iRobot）的扫地机器人登陆日本市场。这款扫地机器人一经发售，立刻引爆日本国内的销售狂潮，到 2016 年 10 月为止，累计销量突破 200 万台。

特别是在大城市，很多住在公寓里的双职工家庭对其十分青睐。他们觉得像艾罗伯特这样的扫地机器人用起来非常方便，只要按一下按钮，装有人工智能（AI）的扫地机器人就会自己在家中各个房间移动，打扫地面。主人不在家也能通过智能手机远程操控。等到主人到家时，它已经自动地回到充电器旁边了。

但是如此这般方便又高效的扫地机器人其实有三个致命的缺陷：

1. 排风口离地面非常近，容易扬灰；

2. 不能吸起由于潮湿或者静电而粘在地面的灰尘；

3. 有很多扫地机器人并不能清理墙角的灰尘。

其中最大的问题出在所有吸尘器都有的排风口上。

吸尘器在工作时会不断地从排风口喷出向上的强力气流，导致周围的气流变得混乱。由于扫地机器人的排风口距离地面非常近，这些混乱的气流会扬起地面上的灰尘。我在前言中说过，家中的灰尘含有大量的病毒和细菌，如果被人体吸入，就会对身体健康产生不良影响。

此外，当灰尘因潮湿而结块时，使用扫地机器人会把污渍粘到滚轮上，并带着它们满屋子移动。这样不仅会在地板上留下污痕，还会放任灰尘在家里传播致病源。因此，在潮湿的梅雨季节，尽量减少扫地机器人的使用才是明智的做法。

那么，该如何正确使用扫地机器人呢?

首先，早上出门时就打开开关。这样晚上回家时，扫地机器人应该已经清理了一部分灰尘，并且它先前工作时扬起的灰尘也早已落在地上。然后在第二天早上，再配合使用平板拖把将残留的灰尘彻底清理干净。

记住，一定要在用过扫地机器人的第二天早上再彻底清理残留的灰尘，而不是当天。这样做的原因是，从傍晚到入睡的这段时间，家人会四处走动，地面上的灰尘又被带起来，四散到房间的各个角落。等第二天早上灰尘完全落在地面上并积在房间的角落时，再用平板拖把将它轻松抹去。收尾工作只需清理房间的角落即可，非常高效。

总之，打扫房间的工作，不能完全交给扫地机器人，自己多花一点功夫就能使打扫质量有飞跃性提升，从而有效降低感染疾病的风险。扫地机器人和平板拖把双管齐下，能够有效减少灰尘的数量，你也快来试一试吧。

如何选择和使用吸尘器?

那么，普通的吸尘器怎么样呢?

其实，无论哪种吸尘器，它的特点都是一边吸走垃圾一边排风。如果一直吸而不把空气排出来的话，机器本身会因为内部气压太大而破裂。结果，本该用来吸尘的机器由于排风导致周围气流变得混乱，反而卷起了周围的灰尘任其在空气中飞舞。

我曾委托一家专门检测分析灰尘运动规律的公司——CSC有限公司做了一个实验，其结果是被吸尘器的排风扬起的灰尘会在房间里持续飘浮 20 分钟以上。更为讽刺的是，吸力越强的吸尘器，由于其排气量更大，扬起的灰尘也必然越多。

那么，我们应该怎么办呢?

选择正确的吸尘器十分关键。要想尽可能地不扬灰，从而预防传染病的话，不仅要看吸尘器的排风是否干净、吸力如何，更要注意以下两点。

1. 排风口在相对较高的位置；

2. 无线。

首先，如果排风口十分靠近地面，就很容易扬起地面上的灰尘。因此，比起排风口离地面很近的卧式吸尘器，我更推荐排风口在手边的杆式吸尘器。

其次，尽量选择无线的吸尘器。移动有线吸尘器时，电源线会跟着一起拖过地面，容易扬灰，所以还是尽量选择无线吸尘器比较好。

当然，吸尘器的排风一定要干净。否则，细菌和病毒将很容易通过排风口跑出来，吸尘器的清扫作用就大打折扣了。因此，在选择吸尘器时，一定要选择过滤能力较强的机型。

不过，诺如病毒并不像灰尘那样容易过滤。这种病毒的颗粒非常小，无论吸尘器的性能多么高级，这种病毒都能轻易地穿过其过滤器，因此，要先使用其他方法来消毒。

此外，吸尘器的吸力选择也非常重要。如果能够把因潮湿和静电粘在地板上的污渍也吸起来的话，这种吸尘器就比较理想了。

完全满足以上这几点的吸尘器估计不太好找，但是在考虑购买何种吸尘器时，请务必参考以上的标准。

除此之外，操作吸尘器也是有讲究的。拖动吸头时需要保持一个稳定的速度，慢慢吸尘，大约移动 1 米用时 5 ~ 6 秒，这样做可以最大程度地避免扬灰。如果用力地快速拖动吸头，不仅容易扬灰，也容易使人忽略粘在地面上的污渍。忽快忽慢地移动则会使吸头弹跳起来，不能贴地起到吸尘作用。

预防疾病小贴士

趁家人都外出的时候启动扫地机器人，等到第二天早上，只需用平板拖把将房间的角落清理干净即可，这样做可以有效清除容易致病的灰尘。

Point 2

空调：小心变成霉菌与灰尘的喷射机！

空调的普及和滤网积灰问题

不知从何时开始，几乎所有的家庭都配备了至少一台空调，我也就调查了一下空调在日本普及的过程。

日本第一台空气调节器诞生于1935年。没想到空调的前身这么早就出现了！时光飞逝，到了1958年，一种名叫“室内冷气设备”的制冷装置被广泛地应用于办公场所和各大剧院。此后，随着日本进入经济高速发展时期，这种制冷装置也在家庭中慢慢普及。到了1965年，冷暖装置兼备的“室内空调”才终于进入人们的生活。

根据日本官方发表的“消费动向调查”，1985年两人及以上家庭的空调普及率约为50%，到了2012年，空调的普及率首次突破90%，从那之后就慢慢趋于平稳。此调查还提到，2017年，100个两人及以上家庭的空调占有数高达281.7台，平均每个家庭约有3台空调。

如果客厅、主卧和次卧各装一台的话，的确每个家庭都需要3台空调。然而，有人还记得上次清理空调是什么时候的事了吗?

不是我危言耸听，你用手电筒往空调排风口里照一照，就会看见空调的滤网上积满了灰尘和黑色的霉。虽然能够想象到这种可怕的画面，但实际确认的时候你大概还是会大吃一惊。

我想大家可能都知道空调容易产生霉菌，在这里让我来说明一下原因。

霉菌的产生和冷气的使用密切相关。想象一下，把冷饮倒入玻璃杯后稍微放置一段时间，杯壁外侧就会附着很多小水珠。空调开启制冷模式时发生的物理变化也是一样的。空调制冷时，空气中的水分会附着在冰冷的滤网上，关掉空调后也不可能次次都把水珠擦掉，所以放置一段时间后，霉菌便会大量繁殖。

另一方面，空调也容易积灰。空调在吹出冷风或者热风的同时必定要吸入大量的空气（这和之前吸尘器的原理是相反的），空气中的灰尘被连带着一起吸了进来，累积在空调内。

空调的下方极其容易积灰

这里，我要讲一个小插曲让大家体会一下空调积灰的可怕之处。

我一个朋友家的床是摆在空调下面的，不知道从什么时候起，他开始咳嗽，特别是刚睡醒的时候会咳个不停，而且怎么都好不了。去医院看了之后，医生说他的病差一点就要恶化成支气管哮喘了。幸好通过吃药缓解了咳嗽，但只要一开空调就会复发。原来，这些年他家空调的滤网一次都没清理过。也就是说，开空调带来的灰尘是引发支气管哮喘的原因之一。

没有经过定期维护及清理的空调，吹出的风会带有大量灰尘，随着气流蔓延到整个房间。尤其需要注意的是，空调的下方非常容易堆积灰尘。

为什么空调下方容易积灰呢?

空调制冷时，吹出的冷气较重，所以会渐渐下沉，形成下降气流。这股气流碰到对面的墙壁和地面之后，就会像回旋镖一样反弹回来。空调的正下方是气流的终点，大量的灰尘因此就堆积在这里（见第 13 页上图）。

一般来说，很多家庭为了省电会用电风扇或空气循环扇来回吹空调的冷风，但如果把它们放在空调下方的话，原本积在一处的灰尘和霉菌又会被吹散到整个房间。

因此，摆放电风扇时，除了空调下方，像电视机等容易产生静电、吸附灰尘的电器周围，还有容易积灰的房间角落等地方都要避开，这样才能防止灰尘的大面积扩散。

当我们把空调切换到制热模式时，由于热空气较轻会产生上升气流，房间里细小的灰尘颗粒就会向上聚集，很容易飘浮在空气中。冬天的房间之所以看上去有点雾蒙蒙的，就是因为气流上升和空气干燥导致灰尘飘浮在空气中（见第 13 页下图）。

除此之外，无论是制冷模式还是制热模式，都有一个共性问题：靠近空调出风口的地方会形成漩涡一样大小不一的乱气流，空气中颗粒较大的尘埃会被卷入其中，飘浮一段时间后再落到地面上。这也是为什么空调下方容易积灰的原因之一。

而刚刚我提到的那个差点要得支气管哮喘发作的朋友，他睡觉时头正好在空调出风口的正下方，可以说是非常糟糕了。

卧室里的床上用品和衣橱里的衣服特别容易积灰，所以和其他房间相比，卧室的灰尘绝对只多不少。因此，不到万不得已，不要把床放在空调下面，也不要把被子放在空调下方。条件实在不允许的话，至少不要把头对着空调的正下方。

空调风导致积灰的原理

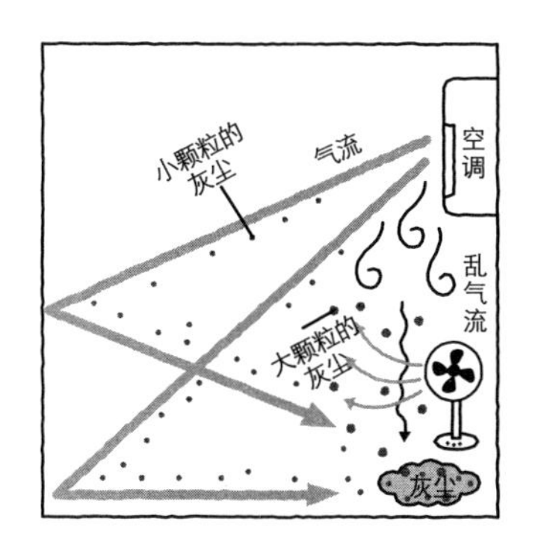

制冷时

空调制冷时，吹出的冷气较重所以会渐渐下沉，在碰到对面的墙壁和地面之后，就会反弹回来。因此，大量的灰尘就会在空调的正下方堆积。

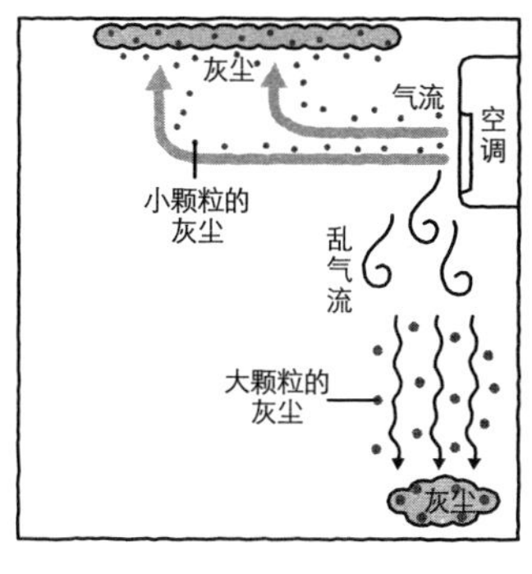

制热时

热空气较轻所以会产生上升气流，细小的灰尘颗粒随之向上聚集，而颗粒较大的灰尘会被卷入送风口附近的气流，然后一起聚集起来落到空调的下方。

2016年，浜田信夫和阿部仁一郎在日本防菌防霉学会的杂志上发表了一篇题为《现代空调的抗热性霉菌污染状况》的论文，其中发布了一项关于2014年一般家庭共计122台空调霉菌污染的研究结果。

“检测结果表明，空调滤网上的灰尘中有61%的霉菌是具有抗热性[1]的，它们在40℃的环境中照样能繁殖。尤其是作为机会性感染[2]病原菌而被人们熟知的烟曲霉（曲霉的一种），约16%的空调滤网上都能检测出它的存在。”

曲霉菌是侵袭性[3]肺曲霉病的病原菌，接受抗癌治疗的人或者有免疫功能缺陷的人比较容易得这种病，主要症状有发热、胸痛、咳嗽、气喘等。随着病情恶化，脑、皮肤、骨、肝脏、胰脏也会被病原菌侵入，发展较快的人可能1～2周之内就会死亡。浜田信夫和阿部仁一郎推测，滤网上的积灰在客观上成了这种抗热性霉菌繁殖的温床。

除了滤网，他们还采集了空调排气扇和热交换器等各部件上的霉菌样本进行检测分析。与滤网上的霉菌相比，附着在排气扇和出风口等处的霉菌更喜湿。他们最后明确指出："空调里的霉菌有很大可能会通过空气被人吸入体内，对人体健康造成影响，对此我们一定要注意。"

浜田信夫的另一篇论文——《造成空调内抗热性霉菌污染的主要原因和对策》也发表在该学会杂志上，该文研究了

① 抗热性霉菌：比起其他霉菌更能在45～60℃的高温环境中生存。

② 机会性感染：致病菌寄生在正常人体时不致病，只在人体免疫功能低下时引起感染。

③ 侵袭性：打破生物生理平衡的外部刺激。

造成空调霉菌污染的环境因素。结果表明，“使用空调频率越高、时间越长、温度设定越低，楼层越低，房间朝北都会导致霉菌污染增多”。

如果空调的滤网具有除尘功能，则可以有效减少霉菌。特别是一些在40℃的环境中也照样繁殖的具有抗热性的霉菌，它们会在积灰处大量繁殖，因此确保滤网上没有太多积灰是十分关键的。如果有专业人士定期上门清理空调的话，就可以将霉菌造成的污染稳定保持在一个较低的水平。

总而言之，空调积灰越是严重，就越容易长霉。

通过以上的研究我们可以得知，定期清理滤网的积灰才是防止空调产生大量霉菌的最有效方法。哪怕空调自带自动除尘功能，也一定要委托专业人士每1~2年清理一次空调内部（可根据使用频率自行判断清理时机）。夏末秋初的换季之时，也一定要清理空调滤网。

预防疾病小贴士

为了防止灰尘和其中的霉菌对人体健康造成危害，一定要勤清理空调滤网。另外，委托专业人士定期清理空调内部也十分重要。

Point 3

灰尘：家中最脏的灰尘在哪里？

调查家中不同房间的灰尘

很多家庭为了使厕所的空气流通，都会在门下留有空隙，当打开厕所的换气扇时，厕所门外地上的灰尘就会随着气流通过门下的空隙被吸到厕所里。因此，厕所比你想象的更容易积灰。

这些厕所积灰正是病原菌繁殖的温床。

在这里我给大家简单介绍一下有关厕所积灰的有趣知识。狮王（Lion）股份有限公司客厅保养研究所从在东京首都圈居住的7个家庭的客厅、卧室、厕所等房间采集了灰尘样本，并进行了调查和分析。

在用显微镜观察厕所的灰尘时，发现其主要成分包括棉絮、化学纤维和卫生纸的细小纤维。

棉絮和化学纤维应该是从衣物上掉下来的，上厕所需要穿脱裤子，所以有这些物质并不奇怪。问题是，包含这么多纤维的灰尘在厕所这样一个狭小的空间里出不去。再加上厕所里还摆放着坐便器、卷纸器、毛巾架等诸多东西，也难怪容易积灰了。

接着，研究所又对灰尘样本的细菌数量进行了分析，发现了令人惊讶的结果：1 克厕所灰尘中包含了数十万至数百万的普通细菌。

然后他们又研究了这些细菌的种类，发现其中包括可能导致人食物中毒的大肠杆菌群和造成房间异味的金黄色葡萄球菌。而卧室的灰尘样本中只检测出了金黄色葡萄球菌，客厅的灰尘样本中两种菌都没有检测出来。

研究人员还考察了厕所灰尘会对细菌生长产生什么影响。实验内容是这样的：在分别培养大肠杆菌和金黄色葡萄球菌时，往其中一组的培养皿里加入卫生纸和棉絮混合的模拟灰尘，另一组不加，然后在同等条件下培养，24 小时后比较两组培养皿中细菌的数量。

结果表明，无论是哪种细菌，加了模拟灰尘的那一组的数量都是不加灰尘组的 10 倍左右。

无论是大肠杆菌还是金黄色葡萄球菌，
都会在厕所积灰的环境中呈现10倍左右的增长！

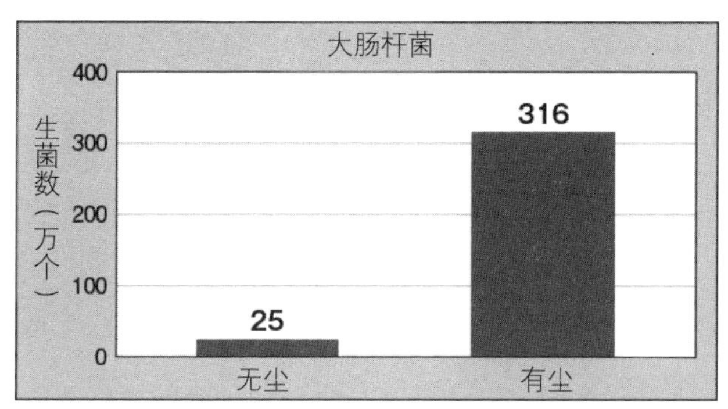

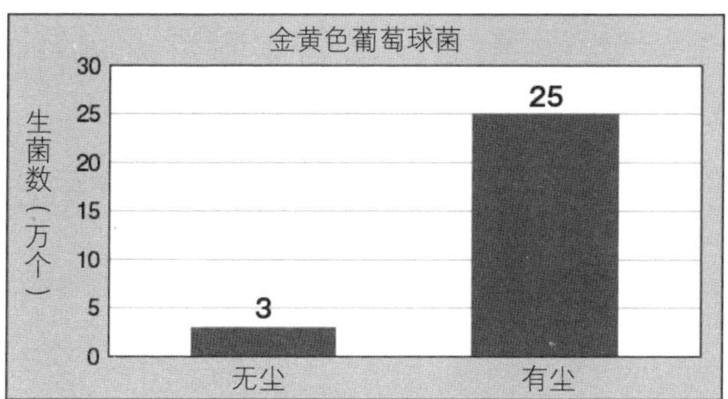

方法：把灰尘、细菌、营养物质放在聚丙烯板（PP板）上，然后封上薄膜，培养24小时。

原始细菌数量：大肠杆菌／4.6（log活菌数）、金黄色葡萄球菌／4.9（log活菌数）。

营养物质：浓度1/20的NB培养基（营养肉汤）、模拟灰尘（0.02克。棉絮：卫生纸＝6：4）。

防止厕所感染源扩大

通过以上调查我们知道，厕所里的灰尘容易滋生大量细菌。因此，从室内卫生和健康管理的角度来看，保持厕所洁净刻不容缓。

打扫厕所时，不仅要清除看得见的污渍，边边角角等容易被忽略又容易积灰的地方更要仔细清理。

另外，厕所里面用手接触的地方很多，这些地方一定要仔细地除菌。虽然我们平时可能不会在意，但想象一下在进入厕所后要碰到多少东西，你会感到惊讶。

首先，你要握住门把手把门打开，进入厕所。接着打开坐便器的盖子方便。方便完，要抽取卫生纸擦净、按钮放水冲厕所，然后打开水龙头洗手。洗完手要用毛巾擦干，再次握住门把手开门走出厕所。

我们用手接触的地方的确超乎想象地多吧。手接触的东西越多，感染疾病的可能性就越大。

为了避免感染疾病，平日里就要仔细清理厕所里的积灰，保持干净整洁。摆放的东西周围很容易积灰，清理起来也十分困难，因此一定要注意整理收纳，尽量减少摆放物。

预防疾病小贴士

为了避免感染疾病，首先要仔细清理厕所里的积灰以保持厕所干净整洁。此外，尽量减少摆放物。对手能够碰到的地方进行清洁消毒也很重要。

Point　4

霉菌：不清理可能会危及生命？

肉眼看不见的霉菌其实非常可怕

霉菌不仅仅潜藏在灰尘之中，在浴室墙壁和天花板上也经常能看见它的身影，而且可以说是“野火烧不尽，春风吹又生”，十分顽固。尤其到了梅雨季节，真的让人十分头疼。

看得见的霉斑当然要立刻清理干净，但是对于肉眼看不见的霉菌也不能掉以轻心，因为有的霉菌有可能会让人生病甚至死亡。我们现在正在呼吸的空气中，也有可能潜藏着这类霉菌。

大家可能会认为霉菌是在室内繁殖的，但其实它原本是在室外生存的。多数霉菌生存于土壤之中，而它的孢子会随风飘进室内，和室内细小的尘埃一起飘浮在空中，最终通过口鼻进入人体的支气管和肺部。

有一种病叫“日本夏季型过敏性肺炎”，它是一种由丝孢酵母属的霉菌引起的疾病。人吸入它的孢子后就会产生过敏反应，并伴随发热、呼吸困难等症状。如果病情发展得快，最严重的情况可导致患者死亡，是一种非常可怕的疾病。

内科医生仓原优所著的《轻松读懂呼吸内科：护士、实习医生必备的呼吸器官治疗与调养办法》（Medica 出版社）一书介绍了一个有关亚急性过敏性肺炎的病例。这种病属于过敏性肺炎的一种，而且较多地表现为日本夏季型过敏性肺炎。在仓原优还是实习医生时，他接收了一个亚急性过敏性肺炎患者，那时，负责指导他的医生让他去患者家里调查，因为引起亚急性过敏性肺炎的病原菌可能是在室内繁殖的丝孢酵母属的霉菌。

最近，念珠菌（俗称“日本霉菌”）由于其在世界范围内的大规模蔓延而频频出现在新闻里。

2005 年，医生从一位 70 岁的日本女性患者的耳漏中第一次发现了这种霉菌。随后，韩国、印度、巴基斯坦、英国、美国、南非等地也都陆续发现了这种病菌。2011 年，一名韩国患者因感染念珠菌导致败血症而死亡。在美国，从 2017 年起陆续发现了 122 起感染病例，其中有相当一部分人最终死亡。同年 8 月，英国也发现了超过 200 起以上的病例。

这种霉菌对于身体健康的人来说也许不算什么，但是对免疫功能低下的住院患者和有慢性病的人来说，是十分危险的。

念珠菌最令人担忧的地方在于抗生素对它不起作用，同时这种具有抗药性的菌株正在不断蔓延。在美国，已经有9成以上的菌株获得了抗药性，而韩国和印度的菌株也被确认有这种倾向。到目前为止，日本的菌株还没有被确认具有抗药性，然而具有抗药性的菌株今后从其他地区传播过来的可能性很高，因此绝不可掉以轻心。

总之，不要小看了霉菌。除上面介绍的两种以外，能够致人于死地的霉菌在世界范围内还有很多。

霉菌易于繁殖且出人意料的地方

霉菌不仅仅在梅雨季节滋生。近年来，为了缓解冬日室内干燥而使用加湿器的家庭在不断增加，这也造成了霉菌大量繁殖的现象。

霉菌如果以肉眼可见的速度繁殖的话，那就意味着此处的卫生状况已经很不乐观了。霉菌和病毒不一样，在自然环境中也可以繁殖，所以，要在肉眼不可见的阶段就采取措施，防患于未然。

容易长霉的环境具有以下三个特点：充足的氧气、温度在 20℃以上、湿度在 80% 以上。创造无氧环境一般来说是办不到的，我们可以通过勤通风、勤换气来创造一个不利于霉菌繁殖的环境。

在这里，我先介绍三个容易长霉且容易被人忽略的地方，再告诉大家如何应对。

1. 洗衣机内筒

在容易长霉且容易被人忽略的地方里，洗衣机内筒具有代表性。

首先，里面的霉菌肯定会附着在衣服上。除此之外，想象一下如果你用满是霉菌的洗衣机清洗抹布和平板拖把的拖布，结果会怎样？你越用这个拖把拖地，房间地面上的霉菌就越多。同理，用洗衣机清洗抹布等其他清洁用品也会造成健康隐患。

虽然和洗衣机的使用频率也有关系，但我还是建议至少每两个月清理一次洗衣机内筒。

接下来要做的就是选择合适的清洁剂。

想要去除洗衣机内筒的霉菌，比起氧漂白剂，选择杀菌效果更好的氯漂白剂（次氯酸钠，也称“家用漂白剂”）更合适。但是，现在大多数洗衣机内筒是不锈钢材质，长时间浸泡在含氯漂白剂中很容易生锈。因此，我向大家推荐添加了防锈剂的洗衣机内筒专用含氯清洁剂。需要注意的是，不同产品的含氯浓度不一样，不同型号洗衣机的水容量也不一样，一定要按照使用说明书的指示进行操作。

如果你家的洗衣机内筒是塑料的，相比专用的清洁剂，你可以用更便宜的厨房漂白剂来代替。厨房漂白剂里面有表面活性剂（清洁成分），可以充分浸润霉菌并彻底去除它。

最后，每次用完洗衣机后，记得打开盖子充分通风。

2. 浴室的天花板

浴室里除了地面和门缝底下的凹槽，天花板上水干之后的痕迹也要注意清理。

霉菌孢子是一种直径只有5微米（0.005厘米）的微生物，会附着在天花板的水珠四周，通过延伸菌丝不断繁殖。等到它们长到肉眼可见的大小，我们才会察觉霉菌的存在。虽然菌丝会随着水滴蒸发而停止生长，但此时它的尖端又会生出大量孢子。这些孢子或飘在空中，或落到地面，然后继续寻找可以大量繁殖的场所。

因此，在洗完澡之后请用长柄的刮水器（一种T字型打扫工具，可以清理玻璃窗上的水滴）或者平板拖把将天花板的水擦干净。虽然有点儿麻烦，但它可以有效防止霉菌的繁殖。

3. 地毯

夏天赤脚踩在地毯上的时候，有没有感觉脚底凉凉的还有点儿湿？那是因为空调吹出的冷气会随着湿气下沉在房间下方靠近地面的地方。如果地面铺着地毯的话，脚踩在吸收了湿气的地毯上就会感到有水。如果在地毯完全干之前就用吸尘器进行清理，集尘袋里就会变得很潮湿，从而导致吸尘器内霉菌大量繁殖。

想要解决地毯潮湿容易长霉的问题只能靠勤晒太阳了。家中有婴幼儿或者老人的话，何不考虑换成可以分割的拼接式地毯呢？

以上三个就是易于霉菌繁殖却又容易被忽略的地方。除此之外，还有经常用水的地方（厨房、浴室、厕所等）、容易结露的窗户周围、床附近、家具里侧靠近墙的一面、不通风的地方、背阴处、空调和加湿器等。

我们要重点打扫这些容易长霉的地方，经常通风换气保持室内干爽，尤其要注意定期清理空调滤网和加湿器的盖子，将霉菌扼杀在摇篮中。

以前我在医院打扫卫生时，几乎都是把重心放在预防诸如病毒和流感上，然而近几年，霉菌的危害也渐渐为人所知，大家都纷纷开始为此采取应对措施了。

为了更有效地预防霉菌大量繁殖，请大家尽量将房间湿度控制在80%以下。用过水之后一定要将溅出来的水滴立刻擦干，并且经常清理房间的灰尘和各种污渍。

预防疾病小贴士

尽量遏制霉菌的繁殖非常关键。将房间湿度控制在80%以下；用过水之后一定要将溅出来的水滴立刻擦干；经常清理房间的灰尘和各种污渍。

Point 5

正确的打扫方式①

家中的灰尘是四处移动的

前面我给大家说明了家中灰尘里的霉菌和疾病之间的关系。在这一小节，我将继续给大家介绍这些家里的脏污和打扫之间的关系。

首先要知道，家里积灰是有原因的，肯定存在着灰尘来源让房间变脏。

具有代表性的来源有从衣物上掉下来的纤维、被子靠垫的棉絮、人的皮脂、头发、从室外带进来的尘土、散落的食物碎屑等。以上东西混在一起，就变成了灰尘。

如果没有上述这些来源，家里也不会出现积灰的现象。

接下来要了解的一点是，已经产生的灰尘会在家中扩散开来。

灰尘飘到空中后，除了非常轻的之外，其他的都会慢慢落到地上或者架子上。

然后，只要家中的人或物发生移动，哪怕幅度不大，也一定会产生空气流动。原本落在某处静止不动的灰尘会随着人和物的移动，或者开窗、开空调等操作四处飞散，改变位置。

落在地上的灰尘一开始是遍布整个房间的。由于量少加上细小，这样的灰尘用肉眼很难看清，所以房间看起来是干净的。不过，就这么放着不管的话，人或物移动时产生的空气流会使灰尘逐渐向房间角落和家具四周聚积，房间看起来就脏兮兮的了。

家中容易积灰的地方有：过道的角落、墙边及墙角、家具四周、有换气扇的地方、电视等带静电的产品周围、空调下面。

房间地面灰尘的移动规律

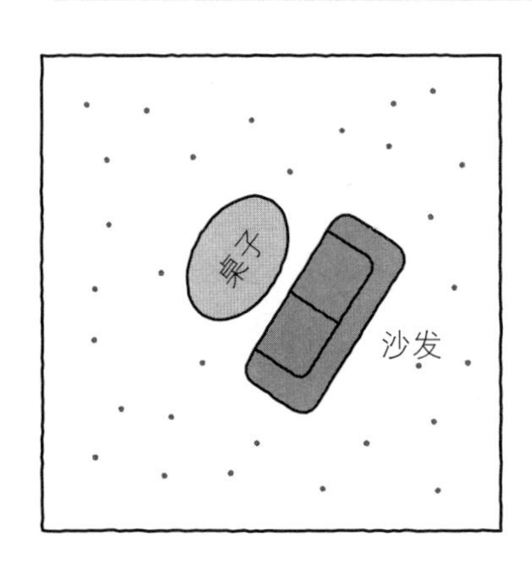

灰尘均匀散布在整个房间所以看起来比较干净

刚落在地上的灰尘不仅细小而且遍布整个房间，肉眼很难看清，所以乍一看房间像是干净的。

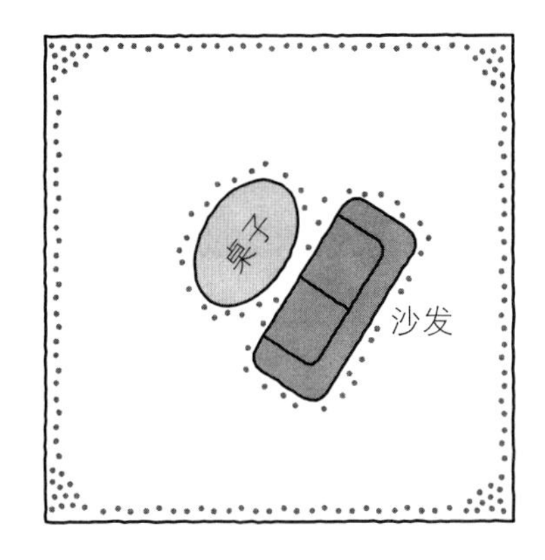

灰尘逐渐围绕特定的地方聚积起来

由于人或物移动时产生的空气流动，灰尘会逐渐地向房间角落和家具四周聚积。虽然灰尘的总量没变，但因为聚积在一起，使得肉眼可以看见了。

想要有效清理这些地方的积灰，预防霉菌和病毒引起的疾病，只需按照我接下来说的打扫方法去做即可。晚上不要急着打扫，要等第二天早上空气中的灰尘都落在地上的时候再开始。用静电除尘纸包住平板拖把，记住我之前列举的几个容易积灰的地方，一个人安静地清理掉地面的积灰。

或许有人认为用湿巾纸会更好些，但其实这样做会扩大污渍和霉菌的范围，所以我并不推荐。

对于电视等电器，清理时用微纤维抹布轻轻擦拭干净即可。顾名思义，微纤维抹布的纤维组织十分微小，可以牢牢地抓住小颗粒的灰尘。

在做以上打扫工作时，保持“一个人”和“安静”是很重要的。为了抑制空气流动，尽量不让灰尘满天乱飞，参与的人数当然越少越好。

正确使用平板拖把和微纤维抹布也很重要。因为我们的目的是清理干燥的灰尘，所以拖地时并不需要十分用力。使用平板拖把时，尽量离身体远一点，紧贴着地板不要拿起来，不要来回拖也不要太用力，在地面上慢慢地往前滑动即可。用抹布时也是一样，朝着一个方向轻轻擦过，不要来回擦，尽可能地减少满天乱飞的灰尘（见右图）。

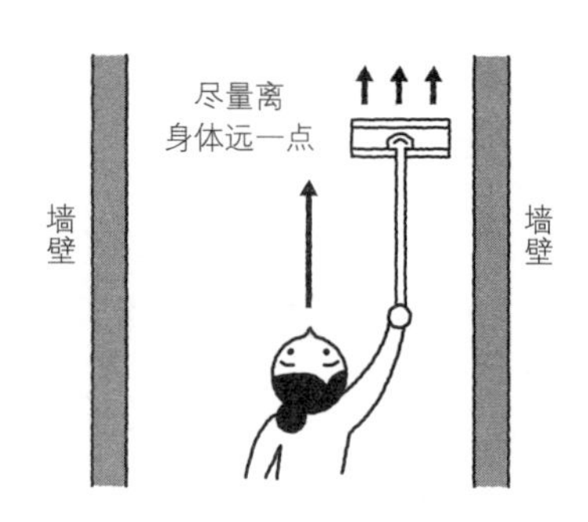

估计大家平时没有注意到，打扫的基本理念其实是重复“把脏污集中到一块儿然后处理掉”这么一个过程。只要能够高效地完成这个过程，我们没有必要打扫家里所有的地方。

重点打扫家里容易积灰的几个地方，就能有效降低由霉菌和病毒引起的疾病的发病率了。

预防疾病小贴士

用包了静电除尘纸的平板拖把和微纤维抹布重点打扫容易积灰的几个地方，可有效减少灰尘的数量。

Point 6

正确的打扫方式②

打扫不当容易使传染病蔓延

每年秋冬季节，流感和由诺如病毒引起的急性胃肠炎等疾病都会肆虐。每到这时，电视上的新闻节目总会播放幼儿园的老师和养老院的护工来回擦拭桌子和扶手的情景。每次我看到这样的画面，总会感慨这样做其实大错特错。

要说哪里不对，其实是擦拭的方法错了。

如果是为了消毒，那么朝着一个方向擦拭才是正确的做法。来回擦拭只会让粘在抹布上的细菌和病毒留在桌子和扶手上。不仅如此，还有可能再次附着到其他擦过的地方。

虽然这只是很细微的事情，但是远离疾病正是要从正确的打扫方式做起。

另外，还有一些很容易被大家误解的预防感染的方法，比如说酒精消毒。其实并不是所有的病毒都能被酒精杀死，对于有些病毒，酒精就不起作用。

以流感病毒和风疹病毒为首的很多病毒，其外部都包裹了一层名为囊膜的脂类膜。此外，还有少量病毒，如诺如病毒、轮状病毒等是没有囊膜的。

酒精可以溶解病毒外层的囊膜，然后杀死病毒。然而，对于原本就没有囊膜的病毒，酒精就起不到什么作用。

想要对付这类病毒，我推荐使用杀菌效果更强的家用漂白剂（次氯酸钠）。

把家用漂白剂稀释到 0.02％的浓度，将其喷洒在需要消毒的地方，用抹布擦拭。注意擦拭时一定要朝着同一个方向，并用抹布的同一面。这样做就可以有效预防诺如病毒和轮状病毒感染（家用漂白剂的稀释方法参见本书第 61 页）。

我在前言中稍微提了一下打扫不当引发的严重的后果：2006 年 12 月，东京一家大型酒店发生了一起集体感染事故，444 名客人在住宿期间感染了诺如病毒。起因就是酒店的清洁工在处理地毯上急性胃肠炎患者的呕吐物时用了吸尘器，结果大量的诺如病毒通过吸尘器排气口扩散到空气中，导致同楼层的其他客人也呼吸了带有病毒的空气，最后集体感染病毒。

诺如病毒即使在干燥的环境中也能存活 1 个月左右。这种病毒非常小，而且相比其他病毒十分容易扩散。因此，处理含有诺如病毒的呕吐物时绝对不可以用吸尘器吸，而要先消毒。

说到吸尘器，你会不会感觉每天使用的吸尘器上有一股怪怪的味道？

正好前几天发生了这样一件事。

我的一个客户说："1 个月前买的桶形吸尘器闻上去有怪怪的味道，你快过来帮我看看。"我去了之后发现的确是这样，而且味道刺鼻。

我立刻检查了一下吸尘器，发现机器本身并没有问题，然而当把发动机拆下来的时候，我大吃一惊！集尘袋里面装满了灰尘，鼓鼓囊囊的。更糟糕的是，霉菌在这种环境下疯狂繁殖，密密麻麻地粘满集尘袋。它们正是异味的源头。

要是继续使用这个吸尘器，不要说打扫干净了，只会让大量的霉菌扩散到空气中，使吸入的人得病。如果这里藏有非常容易感染的诺如病毒，后果简直不堪设想。

如果你觉得自家的吸尘器闻起来有怪味，首先检查一下集尘袋。在集尘袋变得满满当当之前，请养成定期更换的好习惯。

预防疾病小贴士

要想预防诺如病毒和轮状病毒，应把家用氯漂白剂稀释到 0.02% 的浓度，将其喷洒在需要消毒的地方，然后用抹布擦拭。注意擦拭时一定要朝着同一个方向，并用抹布的同一面。

Point 7

如何降低家里的传染病致病率？

洗脸台、厨房、浴室等区域利于病原体繁殖

上一节我给大家说明了打扫不当会导致感染疾病的概率变高。此外，洗脸台、厨房、浴室等容易滋生病毒和细菌的场所也是传染的高发地。一言以蔽之，家里卫生要搞好，减少洗脸台、厨房、浴室等区域的病毒和细菌数量是关键。

这一小节我会谈谈如何打扫洗脸台、厨房、浴室等区域。

首先，导致洗脸台周围感染率高的元凶是绿脓杆菌。

想想看，你是不是经常在刷过牙之后就把牙刷那么放着了？此时的牙刷上其实还粘着食物残渣（营养物质）和水分，刚好供细菌大量繁殖。无论用水怎么洗，只要不擦干牙刷，它还是会沦为细菌的温床。

不仅如此，刷牙过程中还是会有很多我们看不见的飞沫溅在洗脸台周围。如果刷完牙不把洗脸台的水擦干净，绿脓杆菌就会大量繁殖。

绿脓杆菌本来就是日常生活中的常驻菌种，只要有水就能生存。除了寄宿在人体肠道，它在自然界中也广泛存在，

是引起机会性感染的典型病原菌之一。虽然身体健康的人完全不受影响，但是婴幼儿、老人、其他免疫力低下的人以及常年卧床的人就要小心了。一旦感染，很容易引发呼吸道感染、尿路感染和败血症，等等。

而且，还有一般抗生素不起作用的多药耐药绿脓杆菌的存在，它们对于医院来说也相当棘手。曾经有过患者因为感染医院内的多药耐药绿脓杆菌而死亡的案例，此后相当一部分医院采取了非常严格的应对措施。

虽然家里面应该不会有多药耐药绿脓杆菌，然而还是应该养成用过洗脸台之后立刻把水擦干的好习惯。

将抹布和餐具一起洗的话很容易滋生细菌

接下来让我们把目光移向厨房。

有关烹饪和食物保存过程中出现的食物中毒问题还是要询问专业人士，我能告诉大家的是如何通过处理抹布和清洗餐具，减少食物中毒的可能性。

首先是抹布。灶台抹布、洗碗巾等都特别容易滋生细菌，因为它们完全满足了细菌繁殖的必要条件，即水、营养物质、适宜的温度和适宜的湿度。

对于细菌来说，抹布上那些擦拭水槽的水就足够了，因为烹饪后的食物残渣会成为它的营养来源，做菜时厨房的温度和湿度又都很高。厨房完美地满足了细菌繁殖的四个条件，所以抹布上的细菌会以怎样的速度繁殖就可想而知了。

做菜时，不少人都会用抹布擦一擦案板和水槽附近。若你用摸过脏抹布的手继续做菜，有可能使食物也沾上细菌，导致食物中毒。因此，做饭过程中尽量不要接触抹布，烹饪完毕再一起擦。如果碰了抹布，请一定要用洗手液洗手。

另外，每天晚上一定要用家用漂白剂对抹布进行杀菌，然后在通风处晾干。

接下来是餐具。很多人因为早上比较忙而且碗筷等餐具也不多，就养成了早午饭的碗筷一起洗的习惯。如果晚上下班回来很疲劳，又喝了点酒，觉得洗碗好麻烦，就把晚上的餐具也堆着，到第二天早上一起洗。以上这两种情况，你是否也经历过呢？

如果吃过的碗盘就这么堆在水槽里，它们就会和前面提到的牙刷一样，提供充足的营养物质和水分供细菌大量繁殖。细菌会不停地进行细胞分裂，呈几何级增长。

大肠杆菌每 17 分钟有丝分裂 1 次，副溶血性弧菌每 8

分钟分裂 1 次，金黄色葡萄球菌每 27 分钟分裂 1 次，几个小时之后它们就会从 1 个变成 1 万～2 万个。

用过的餐具就这么泡半天或一天的话，至少放了 4～9 小时，这意味着水槽里的细菌数量惊人。如果洗碗时又洗得不干净，就很有可能导致食物中毒。我知道大家可能或多或少都这样做过，但是把脏碗堆起来不及时洗的做法真的很危险，请尽量养成餐后必洗碗的好习惯吧。

浴室里要注意鸟分枝杆菌复合群

最后我们来看一下浴室。

我知道大家肯定对这种细菌不熟悉，它是引起鸟分枝杆菌复合群肺病（MAC 肺病）的病原菌，和结核杆菌十分相似。在家里的浴室里就有感染这种细菌的危险，因此要多加注意。这种病近年在日本呈飞速增长趋势，据估计，年死亡人数在 1000 人以上。它几乎没有早期症状，等到肺部出现炎症时才会伴随有咳嗽、血痰等症状。免疫力低下的人比较容易感染这种病，但是不具传染性。

附着在浴缸出水口或是花洒喷头上的黏液和水垢是鸟

分枝杆菌复合群的温床，当温度在42℃左右时它们会大量繁殖。

打扫浴室时保持空气流通可以有效预防感染，因此要开窗通风换气。

另外，记得一定要用冷水清理浴缸。飞溅的水珠也会附着细菌，所以尽量避免让水溅到身上。

还有就是尽量不要让浴室里积有水垢。洗完澡后，记得用刮水器把浴缸、墙壁、地面上的水清理干净。

通过以上的说明，我想大家应该都知道了，如果不正确打扫洗脸台、厨房、浴室等经常用水的地方，感染疾病的风险就会增加。

只要每天多花几分钟就能降低疾病风险，大家赶快从力所能及的事开始做起吧。

家中经常用水的地方容易滋生绿脓杆菌、大肠杆菌和鸟分枝杆菌复合群等细菌。保持这些地方干爽，可以有效抑制细菌的繁殖。

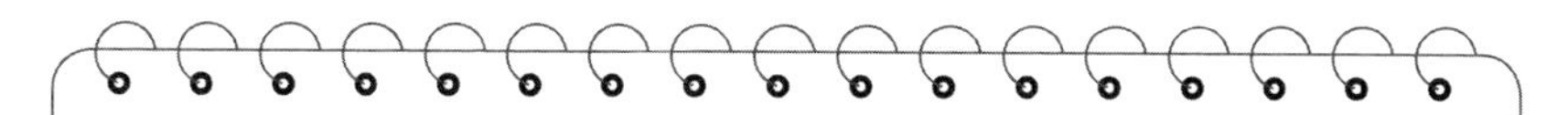

你知道细菌和病毒有什么不同吗?

细菌和病毒到底有什么不一样呢?

流感病毒、诺如病毒、呼吸道合胞病毒、疱疹病毒等都属于病毒。另一方面，大肠杆菌、金黄色葡萄球菌等则属于细菌的范畴。

这两者的差别用一句话来概括就是：细菌具备最基本的细胞结构，而病毒没有。

细菌是一种单细胞生物，只要具备充足的营养物质和水，它就能独立存活。它可以进行自我复制，通过分裂的方式进行繁殖。

而病毒仅仅由蛋白质外壳和内部的核酸（DNA或者RNA）构成。它是一种非细胞型生物，不能独

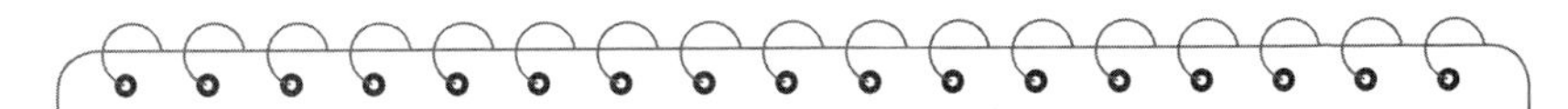

立生存，因此它会侵入人和动物体内，并寄生在细胞内进行繁殖。

所以，很多附着在扶手和门把手上的病毒并不能长期生存。但这其中有一个例外，那就是诺如病毒，它可以顽强地独立生存30天以上。此外，通过手的接触，这种病毒还可以由一个人传染给另一个人，或是由物体传染给人。由于它非常容易传染，对它的预防一直是一个难题。

细菌和病毒的大小差异也十分明显。如果把人体比作地球，细菌大概有大象那么大，而病毒充其量只有老鼠一般大小。病毒非常微小，只有用电子显微镜才能观察到。

第2章 预防不同疾病的打扫诀窍

无论什么季节，家中总会潜伏着各种疾病隐患。除了细菌和病毒引起的传染病，还有粉尘和花粉引起的过敏性疾病，以及大家不太了解的由霉菌引起的呼吸道疾病。本章，我会根据长年清扫医院总结的经验，按照疾病的种类为大家具体说明如何正确清除致病源以及如何有效预防感染。

Point 8

根据传播途径辨别传染病：飞沫传播和接触传播

预防传染病首先应分清传播途径

与大部分细菌和霉菌一样，流感病毒和诺如病毒是我们肉眼看不见的，因此很难准确知道它们的位置并有针对性地消灭它们。

但是，在了解了病毒容易附着的场所和能够有效预防病毒感染的生活习惯之后，我们就可以降低感染风险。为此，我们需要知道病毒和细菌的传播途径。

病原体的传播途径大致分为三种，即飞沫传播、接触传播和空气传播（又叫飞沫核传播，指含有病毒的喷嚏和咳嗽喷出的飞沫在空气中失去水分，只留下蛋白质和病原体组成的核在空气中漂浮，并且四处扩散导致感染）。通过打扫卫生可以有效预防通过飞沫传播和接触传播两种方式传播的疾病。

患者的咳嗽和喷嚏以及说话时的飞沫会进入他人的鼻腔和气管，这就是飞沫传播。由于含有比较重的水分，咳嗽的飞沫最多能飞 2 米，喷嚏的飞沫是 3 米。

一次咳嗽大约会产生 10 万个病毒，它们在空气中飞散，免疫力越低的人越容易感染。

这类传播最具代表性的就是流感。此外普通感冒、腮腺炎、风疹等也容易通过飞沫传播。

另一方面，接触传播则意味着和细菌、病毒有直接的接触。比如，饭前不洗手或是直接用脏手触碰口鼻会导致病原体直接进入体内，从而引发感染。这类传播最具代表性的就是由诺如病毒和大肠杆菌 O157 引起的急性胃肠炎。

接触传播的主要传染源有被病原体污染的他人的手、食物、门把手、坐便器、扶手、家电遥控器、照明开关等。

上述地方容易附着可被细菌当作食物的脏污和有病毒的灰尘，所以我们先要把脏污擦掉，然后用酒精或者家用漂白剂（次氯酸钠）进行消毒，这样做就可以有效预防感染。

下一节开始，我将根据家中易感染疾病的种类介绍与之对应的预防感染的打扫方法。

各病原体的传播途径和生存时长

疾病名称	主要传播途径	病原体名称	自然环境中的生存时长
呼吸道合胞病毒肺炎	接触传播 飞沫传播	呼吸道合胞病毒	7小时
哮吼	接触传播 飞沫传播	副流感病毒	10小时
普通感冒	接触传播 飞沫传播	鼻病毒	3小时
流感	飞沫传播	流行性感冒病毒	24～28小时
急性胃肠炎	接触传播	诺如病毒	4℃，60天以上 20℃，21～28天 37℃，1天以内
病毒性感冒	接触传播	腺病毒	49天

虽然病毒不寄生于人或者动物体内就不能存活，但根据种类的不同，它们在自然环境中可独立生存的时长差异非常大。在以上传染病的高发季节，请仔细打扫经常用手碰到的地方。

Point 9

预防流行性感冒

预防流感我们应该怎么做

据日本厚生劳动省发布的数据，从2017年9月11日开始的一周内，福井县有30所学校由于流感蔓延而停课，全面进入流感暴发期。厚生劳动省还同时表示，“全日本范围内的流感暴发恐怕会提前”。说到9月，明明天还很热，流感却已到来，大家都对此感到很惊讶。但是比起惊讶恐慌，更重要的是做好预防流感的准备工作。

我之前也提到过流感主要通过飞沫传播。患者的咳嗽和喷嚏飞沫中都带有流感病毒，通过口鼻吸入这种飞沫会导致病毒在人体内大量繁殖。

那么，流感就肯定不会通过接触和空气传播吗？也不尽然。

喷嚏和咳嗽产生的飞沫在空气中失去水分，留下的流感病毒就很有可能漂浮在空气中，通过空气传播感染他人。另外，流感患者咳嗽或者打喷嚏时经常会用手捂着嘴，之后再用手接触门把手、扶手，这样很有可能导致其他人的感染。

接下来我们看一下家中怎样打扫才能有效预防流感。

保持卧室和被子干净整洁可以降低感染风险

你们觉得家中最容易感染流感的地方在哪里?

答案是卧室的床周围。卧室里有被子等床上用品和衣柜里的衣物，这些都比较容易积灰，所以卧室的灰尘可比客厅的多得多。而带有病毒的飞沫溅到地上之后，会由于空调送风和打扫方式不当等因素，与床周围大量的灰尘一起再次飞散到空气中。

因此在打扫卧室的时候，最重要的是要把带有流感病毒的灰尘清理掉。

打扫时，要按照从高处往低处的顺序，仔细地把灰尘清理干净。如果你反方向清理的话，高处的灰尘还是会往下掉，下边就白清理了。

架子上等高处的灰尘比较好处理，用微纤维抹布干擦即可。家里地面如果是木质地板的话，比起吸尘器，用地板刮水器效果更好。如果铺了地毯，把吸尘器调到强力模式，在地毯上慢慢移动吸走灰尘。

接下来必须注意的一点就是增加室内湿度。天气比较干燥的时候，记得在房间里挂个湿毛巾或者开启加湿器，将室内湿度保持在 50% ~ 60% 可以降低流感的感染概率。

但是，如果房间湿度超过 60%，就有可能导致霉菌和螨虫大量繁殖，因此要注意不要把湿度调得太高。

可是为什么加湿会对预防流感有效呢？那是因为流感病毒不适应湿度较高的环境，带有病毒的飞沫也很容易附着在空气中的小水滴上，变重后会立刻落到地上。带有病毒的飞沫无法通过口鼻进入人体，感染病毒的概率因此就大大降低了。

然而，病毒就算在地面上也能继续生存 24 ~ 48 小时。为了不让其再次散播到空气中，请一定按照我之前说的不扬灰的打扫方法及时清理掉灰尘。

定期晒被子和枕头也十分有必要。最好一周晒一两回，床单、枕套至少一周换一次。

如果遭遇阴雨天或者工作太忙，可以把大浴巾铺在床上罩住枕头、被子等寝具，然后注意定期更换大浴巾，这样也能有效预防感染。

你只需准备三条浴巾。一条包枕头，另一条从枕头下面垫到床中间，最后一条盖住被子靠近脸部的那一边即可。

浴巾洗起来轻松，经常更换也比较容易做到。顺便说一句，相比容易积灰的棉制浴巾，我更推荐聚酯纤维和尼龙等化学纤维的浴巾。

预防流感要注意使房间湿度保持在50% ~ 60%，定期晒枕头、被子和换床单，打扫时注意不要扬灰。

Point 10

预防诺如病毒引起的急性胃肠炎

最难通过打扫卫生来预防的病毒

2014 年 1 月，日本静冈县浜松市的一所小学发生了一起集体食物中毒事件，其中 1000 名以上的小学生有呕吐、腹泻等症状。造成食物中毒的感染源是学校食堂提供的面包中检测出的诺如病毒，而在面包生产厂的女厕所里也检测出了同种病毒。由此可知，面包上的病毒来自已经感染了病毒的员工。厕所清扫不彻底和消毒不干净造成了这次集体食物中毒。

虽然诺如病毒在冬天比较流行，但是一年四季都有感染的危险。这种病毒很容易通过感染者的粪便和呕吐物进行扩散和传播，因此毫无疑问，厕所的打扫是重中之重。家中也是如此。尤其在感染高发期或者家里有感染者的时候，必须要小心仔细地清扫厕所，以防病毒在家里扩散。

那么诺如病毒具体是怎样从厕所扩散到整个家里的呢?

患者呕吐时，呕吐物不仅会飞溅到坐便器周围，而且由于厕所空间比较狭小，也很有可能溅到墙上。其他人进厕所打扫卫生的时候，会通过手和打扫工具直接接触这些病毒，

从而导致其扩散到整个家里。

用完坐便器冲水时也有需要注意的地方。如果不把坐便器的盖子盖上的话，会有水滴飞溅到外面来，所以冲水时要注意盖上盖子。

我曾做过一个小实验，看看冲水时会有多少水溅出来。

先把打印纸盖在马桶圈上，接着冲水，然后把纸翻过来确认一下上面被水溅到的面积大小。结果表明，大约有 40 ~ 50 颗水滴溅到纸上（见第 60 页图）。

可见，如果便池里有患者的粪便或者呕吐物，不盖盖子直接冲水的话，很有可能导致病毒随着水滴溅出。

坐便器的盖子也非常容易附着病毒。如果用同一块抹布先擦盖子，再擦马桶圈，就会使得盖子上的病毒粘到马桶圈上。而其他人在不知情的情况下就这么用手直接接触马桶圈，病毒就会顺势粘到手上，然后在吃饭时将病毒带入口中，进而进入体内，导致感染。

在打扫厕所的过程中如果直接用手的话，肯定会接触到病毒。再用脏手去碰好不容易才打扫干净的坐便器和扶手，只会让它们再次附着病毒。

坐便器冲水溅出实验

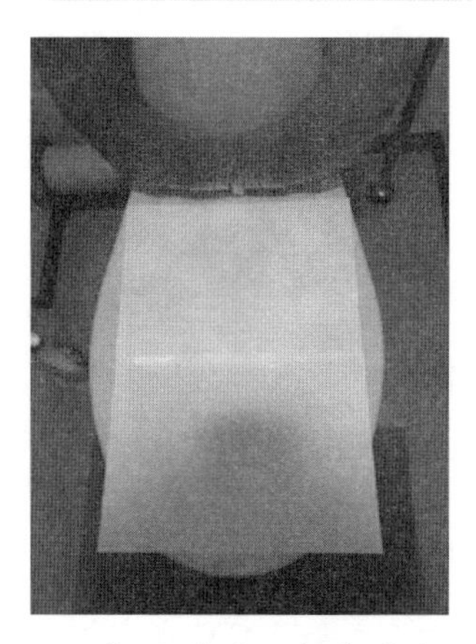

打开盖子，把打印纸铺在坐便器上然后冲水。

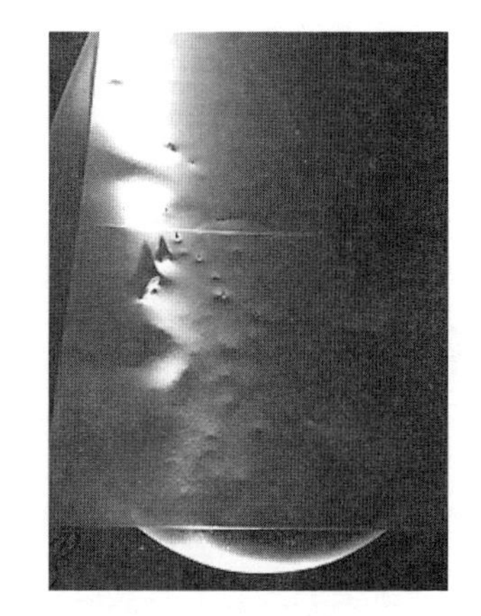

有 40 ~ 50 颗水滴溅到纸上。

重复以上错误的打扫方式就会导致诺如病毒从厕所开始往外扩散，继而蔓延到整个房间。无视病毒存在的随意打扫只会让厕所里感染病毒的概率不降反升。

如何正确使用消毒液?

那么在诺如病毒的高发期，打扫家中卫生时需要注意什么呢?

最重要的一点就是，给坐便器、扶手、门把手等经常用手接触的地方消毒，拖把和抹布用完之后也要消毒。

我在第 1 章已经和大家说明了，诺如病毒没有囊膜，所以酒精消毒法对它不起作用。能够有效消灭诺如病毒的是家用漂白剂（次氯酸钠）。

但是，要想真正发挥消毒液的效果还必须采用正确的打扫方法，否则就会徒劳无功。

首先，消毒液的浓度十分关键。将次氯酸钠稀释过后再使用是基本常识，但是否调到最适宜的浓度却鲜有人知，而这一点对于整个打扫过程来说非常重要。

我看到过很多清洁人员在打扫医院时只是随便稀释一下次氯酸钠，稀释后的溶液中，一个散发出十分刺鼻的气味，而另一个的气味则淡得多。显然，清洁人员没有将消毒液调配到合适的浓度，而是随便配制的。

这种消毒液明显是不合格的。次氯酸钠溶液的浓度不够是不足以杀死病毒的。

能够起到杀毒效果的次氯酸钠溶液浓度应达到 0.02%。花王和狮王等品牌的家用漂白剂和用于奶瓶消毒的妙儿康（Milton）清洁剂都含有次氯酸钠，将其稀释后即可用来消毒。

各个品牌的次氯酸钠含量不尽相同，需要兑水的比例也就不一样。比如，花王和狮王的家用漂白剂浓度是 5% ~ 6%，而妙儿康的则是 1%。使用妙儿康的话，用清洁剂专用的小量杯倒 2 杯（容量 10 毫升）在 500 ~ 600 毫升的水里混合一下，0.02% 的消毒液就配制好了。

顺便说一下，调配的消毒液的浓度会随着时间流逝不断降低，所以要即配即用。

可能大多数人会觉得漂白剂对人体有影响，但是随着时间的推移，氯的浓度也会随之降低，用手接触消过毒的地方也不会对身体造成什么不好的影响。次氯酸钠稀释到一定浓度可以用来给婴儿的奶瓶消毒，所以只要使用方法正确，它既安全又有效。

只要按照以上我说的方法对厕所里容易粘上病毒的地方进行定期消毒，就可以有效预防诺如病毒感染。另外，使用过的抹布要进行二次消毒然后晾干。

正确处理呕吐物的方法

如果预防措施的效果不尽如人意，家里人还是感染了诺如病毒，并且伴有严重的呕吐症状，那又该怎么办呢?

在这里，我要给大家提个醒，如果这一步没做好会导致感染迅速扩大，所以一定要留心。呕吐物干了之后病毒会扩散到空气中，因此在这之前就必须迅速采取以下方法进行消毒。

第一步，把家用漂白剂的浓度稀释到0.1%（此处不是为了预防，所以浓度要高一些）。消毒液不能久放，要即配即用。处理呕吐物之前要戴上一次性手套和口罩。

第二步，用一次性毛巾盖在呕吐物上面，然后把消毒液喷洒到毛巾上等它慢慢洇透之后清理呕吐物。

第三步，用新的一次性毛巾铺在刚刚清理过的地方，喷上消毒液浸湿地面，10分钟之后再擦一遍。

第四步，用水浸湿纸巾把刚才的地方最后擦一遍，就可以收工了。

擦的时候注意保持同一个方向。绝不可以来回擦拭，否则会导致擦掉的病毒又回到原来的地方。

如果患者吐在了地毯上，使用漂白剂的话会使地毯褪色，所以这时就尽量不要用漂白剂了。正确的做法是：先用一次性毛巾把呕吐物处理掉，然后再用85℃以上的蒸汽熨斗进行消毒，之后再用0.1%的漂白剂擦拭熨斗。

粘有呕吐物的衣服和床单，如果是白色的就用消毒液浸泡10分钟以上，然后和其他衣服分开洗；不能用漂白剂的就

换成 85℃的热水浸泡 1 分钟以上，同样单独洗涤。

对于能否消灭诺如病毒来说，消毒时间也非常关键。

即使消毒液的浓度足够，如果和病毒接触的时间太短，也不能完全达到杀死病毒的效果。

在使用消毒液的时候，请务必参考以上我说的浓度和时间，同时也应将不损伤家具、衣物等要素纳入考虑范围。

要谨记，诺如病毒极易感染，生命力也十分顽强。特别是在病毒高发期，尽量一天消毒一次。如果家中有人感染了诺如病毒，每次使用厕所后，都要对门把手、坐便器盖子、放水旋钮等经常用手接触的地方进行正确的消毒。

在诺如病毒的高发期，最好每天用 0.02% 的消毒液对厕所的门把手、坐便器盖子、放水旋钮等进行消毒。

Point 11

预防肺炎

肺炎是日本人死亡的第三大原因

所谓肺炎，顾名思义，就是肺部有炎症。

包括老年人等群体在内的免疫力低下的人尤其容易罹患此病，肺炎发作时经常伴随发热、浑身发冷、咳嗽、咳痰、胸痛等症状。肺炎大多由感冒转化而来，具有一定的欺骗性。患者“自认为是感冒但其实是肺炎”，延误了治疗，从而导致病情恶化的例子屡见不鲜。

最近 6 年，肺炎成为日本人继癌症、心脏病之后的第三大死亡原因，患病人数和死亡人数每年都在增加。

包括近年增加的吸入性肺炎在内，肺炎大多是由外部入侵的细菌、霉菌、病毒、支原体等微生物引起的。

如果因开空调或者使用空气净化器、加湿器导致咳嗽，就很有可能患上了我在第一章讲过的那种由霉菌引起的日本夏季型过敏性肺炎。

“夏季型”这个名称来源于此病的高发期，也就是夏季。这种肺炎 70% 是由一种叫丝孢酵母菌的真菌引起的，而这种真菌经常在夏天的空调里和空气净化器里繁殖。随着病情发展，

患者很有可能出现呼吸困难、低氧血症等危及生命的严重病症。但只要切断患者和丝孢酵母属真菌的接触，就能快速康复。

仔细清洗空调的滤网和加湿器的盛水容器，晾干后再把它们组装起来，这样就能有效预防夏季型过敏性肺炎。

除了空调和加湿器，这种真菌还会出现在家中其他地方。总而言之，及时清除家里的霉菌，不让其大量繁殖才是预防肺炎的重中之重。

在这之前，我已经多次强调指出家中容易长霉的地点，比如厕所、浴室、厨房等经常用水的地方，容易结露的窗户周围、床四周、紧贴墙壁没有缝隙的家具内侧、阴凉潮湿的地方，等等。

如果某处已经长霉了，你要先把那块地方用水浸湿，然后用浓度为 0.02% 的家用漂白剂湿润一次性毛巾，接着把它盖在长霉的位置，放置 3 ~ 5 分钟。最后，用水冲干净或者用湿抹布擦干净即可。

打扫完家里之后，一定要记得打开窗户或者换气扇通风换气。在不通风的橱柜、收纳箱中放入干燥剂也是很好的办法。用完水之后，一定要养成将有水的地方及时擦干的好习惯。

要想减少空气中的霉菌，降低感染肺炎的风险，必须做到定期清理空调、加湿器和空气净化器，把长霉的地方用家用漂白剂彻底杀菌。

Point 12

预防小儿『过敏进行曲』

特应性皮炎是“过敏进行曲”的起点

特应性皮炎是一种有过敏体质的人易患的皮肤病，一般是由于皮肤接触变应原而引起的。尤其是婴儿的皮肤，不但薄而且很敏感，皮肤的细胞间隙很大（屏障功能很弱），很容易被变应原侵入体内。

更可怕的是，一旦得了特应性皮炎，以此为开端，随着孩子年龄增长，很有可能引发支气管哮喘，包括花粉过敏在内的过敏性鼻炎、过敏性结膜炎等一系列的过敏性疾病。这个过程被称为“过敏进行曲”。

由于治疗特应性皮炎是一个需要耐心的长期过程，所以尽可能地预防发病才是上策。

为了强化皮肤屏障、防止变应原入侵，我们可以采取的预防对策包括每天做好皮肤保湿工作、经常打扫卫生以减少房间的变应原数量，等等。

清除螨虫，降低特应性皮炎的发病概率

螨虫是最容易引发特应性皮炎的变应原。除此之外，皮屑和灰尘等也可能成为变应原。

要想减少螨虫的数量，最重要的就是房间里不能有食物残渣、人或动物的皮屑污垢和霉菌。这些东西多数包含在灰尘里，成为螨虫的食物，供其大量繁殖。

家中容易滋生螨虫的地方有抱枕和坐垫、玩偶、地毯、榻榻米、被子、沙发、图书、橱柜，等等。

下面我来介绍具体的打扫方法。

首先，把床单、被套和抱枕的枕套以及玩偶等可以下水洗的东西清洗干净。

其次，开始打扫地面。如果地上铺了地毯，那么把吸尘器切换到大功率，以 5 ~ 6 秒移动 1 米的速度慢慢地吸地毯上的灰尘。移动吸头时注意不要太用力，要轻轻地。吸尘器排气的方向最好和移动的方向保持一致，这样可以尽可能地降低螨虫随气流扩散的概率。

接着我们说一下榻榻米。螨虫很容易在榻榻米的缝隙中滋生，用微纤维抹布沿着榻榻米的接缝处干擦，之后换一块抹布，用酒精浸湿后再擦一遍。

然后是容易成为螨虫温床的被子。要经常晒一晒。把晒过的被子收进房间之前，先将螨虫尸体清理掉很关键。

在这里我推荐使用小型手持式吸尘器，它小巧便携，在屋外也可以使用。把它切换到大功率后吸被子上的尘土。这一步的重点是在室外使用吸尘器，因为如果在室内吸的话又会导致灰尘扩散。

还有沙发。如果是布艺沙发，使用蒸汽熨斗熨一熨就能消灭螨虫，之后再用力拧干抹布，尽量采取按压式的方法将沙发上的水吸掉，然后等它彻底晾干。如果是皮沙发的话，用微纤维抹布会损伤沙发，所以换成柔软的毛巾来擦就可以了。

积灰的图书、椅子的布面以及橱柜内部等都是容易大量滋生螨虫的地方，最好做到经常清理。如果东西太多，定期处理不要的东西也能起到预防螨虫的效果。

我们还要注意的一点就是家里的湿度。螨虫容易在湿度为 60% 以上的环境中繁殖。因此，夏天要记得除湿，而冬天则不要过度加湿。

还有就是，通过打扫卫生来预防过敏是一件需要耐心的事，过于钻牛角尖只会给自己徒增压力。打扫一事贵在坚持，所以，大家抱着力所能及的心态尽量去做就好。

预防疾病小贴士

预防特应性皮炎要从消灭室内的螨虫做起。晒过被子后就在室外用吸尘器清理螨虫尸体。另外，保持房间湿度在60%以下。

Point 13

预防哮喘发作

哮喘发作会致命

哮喘（支气管哮喘）是一种慢性气道炎症，这种炎症会导致通过支气管的气流阻塞。一旦得了这种病，患者对空气中的物质产生的刺激就会变得敏感，气管就容易出现炎症，造成呼吸困难、咳嗽等症状。近年来，哮喘患者数量一直呈增长趋势，日本大约有 800 万人患有哮喘。

哮喘发作会导致呼吸困难甚至死亡。2016 年日本厚生劳动省发表了一项关于过敏性疾病现状的研究报告，文中说到，虽然死亡总人数一直在减少，但在 2015 年还是有 1500 人因哮喘发作而去世。

引起哮喘发作的刺激性物质分为两类，一类是变应原，另一类是刺激呼吸道的促发因素。前者主要有灰尘、螨虫及其尸体、动物的毛发和皮屑、花粉、霉菌等；而后者主要有感冒病毒和香烟烟雾。

除此之外，季节也是影响哮喘发作的一个因素，秋天就是哮喘的高发期。

虽然台风引起的气压变化也是影响哮喘发作的一个因素，但是最大的原因还是秋天快速增加的螨虫尸体。夏季大量繁殖的螨虫到了气温15℃左右、湿度50%以下的秋季就会全部死亡，其尸体会变成细小的粉末和灰尘一起漂浮在空气中。当人体吸入它时，就很容易引发哮喘。

哮喘发作的变应原约九成都是家中的螨虫和灰尘。总而言之，想要预防哮喘发作，就必须采用正确的打扫方法清除家中的变应原。

了解哮喘发作的原因是预防的第一步

如何清理灰尘和螨虫，我在之前的内容里已经向你们介绍过了。

用平板拖把清理地面的灰尘、勤晒被子、打扫房间后开窗通风换气等步骤都是清除变应原的关键。

地毯很容易藏污纳垢，在秋天还是收起来比较好。如果不想收的话，最好用吸尘器吸掉地毯上的灰尘和杂物。吸尘时，选择排气口位置比较高的吸尘器，切换到大功率之后慢慢地移动，不容易扬尘。

如果家里已经有人得了哮喘，请尽量不要铺地毯，也不要让患者睡在容易滋生螨虫的榻榻米上。

如果是小儿哮喘的话，只要持续接受正确的治疗，成年之前就会有 60% 的人不再犯病。吃药治疗再加上保持居住环境干净整洁，就可以将哮喘发作的概率降到最低。

霉菌也会导致哮喘恶化

哮喘患者需要注意的变应原不仅仅是灰尘和螨虫。

还有一种容易引发哮喘的变应原是被称作“曲霉菌”的真菌。这种菌会少量存在于地面和架子上的灰尘中，是一种很常见的微生物，对于身体健康的人来说是无害的，而免疫力低下的人接触后，偶尔会产生发热、咳嗽、胸痛等症状。

哮喘患者会由于吸入这种真菌而突发一种叫作“变应性支气管肺曲霉菌病”的变应性疾病。这种病和哮喘一样，都伴随着“呼哧、呼哧”的哮鸣音、咳嗽和咳痰等症状。但是，和一般的哮喘比起来，吃药并不能对它起到很好的效果，而且随着病情的加重，还会出现发热、食欲不振、血痰、咯血、呼吸困难等症状。

有关灰尘和细菌的调查

2014年日本花王股份有限公司实施了一项针对灰尘中的细菌和霉菌的调查，结果表明，1克窗帘、架子上等高处的灰尘就包含了7万~10万个细菌，而1克地面上的灰尘则包含了100万~200万个细菌，比高处灰尘的含菌量多10倍还多。

1克灰尘的体积大概比1元硬币大一圈。人在家中走动时，大量的衣物纤维掉落在地上，聚积起来就成了灰尘，细菌和霉菌就非常容易附着在这些灰尘上。

此外，移动吸尘器或者拖把时也容易扬尘。根据CSC公司做的一个分析灰尘移动路线的实验，在距离地面70厘米的高度，飞散在空气中的灰尘特别多。

距离地面70厘米正好是一个刚刚学会走路的孩子的脸的高度。更大一点的孩子坐在地上玩或者躺在地上时，吸入大量灰尘的风险也很高。

婴儿喜欢用手碰各种地方然后舔手，这样做就很容易把

灰尘吃进嘴里。

灰尘多意味着潜伏于其中的细菌和病毒也多。如果螨虫和曲霉菌藏于其中的话，它们有很大概率通过孩子的口鼻进入体内。当然，不仅是小孩子，免疫力低下的人和哮喘患者也很容易感染，因此千万要注意。

话虽如此，哪怕打扫得再干净，也不可能完全清除家里所有的螨虫和霉菌。但是我们可以通过正确的打扫方法，尽可能地减少变应原，从而切实降低感染的风险。

特别是，通过重点打扫容易积灰的场所可以大幅度降低哮喘发作和恶化的概率。

只要做到以下几点，比如用干的平板拖把清理地面、勤晒被子、开窗通风换气等，就可以有效清除螨虫和霉菌了。

Point 14

预防季节性过敏

“日本国民疾病”花粉症的发病原因

花粉症是过敏性疾病的一种。人体免疫系统将原本无害的花粉误认为敌人，就会为了将其排出体外而发起攻击。在这一系列的过程中，会产生流鼻涕、打喷嚏、眼睛痒、咳嗽、头痛、反应迟钝等症状。最近患上花粉症的人群呈现出低龄化趋势，最早可在经历三次花粉季节之后，也就是说在 3 岁左右就开始发病。

在日本，最具代表性的花粉是杉树花粉，每年从 2 月一直到 4 月末、5 月初通过空气传播。日本扁柏的花粉要稍微迟一点，从 3 月到梅雨季节（6~7 月）前是其传播期。

最有效的防花粉对策是戴好口罩和眼镜，尽量避免皮肤黏膜与花粉接触。除此之外，尽量不要把花粉带进家中，不让花粉在家中扩散以及及时清理花粉。也就是说，通过打扫卫生同样可以降低花粉症的发病率。

在花粉传播期尽量不要开窗通风换气。可以使用空气净化器。被子、衣服等也尽可能地不晒在室外。

家中容易聚积花粉的地点有玄关、衣橱周围、盥洗室等，因为回到家里的时候，从外面带进来的花粉很容易从衣服掉在地上。

玄关要用包了除尘纸的平板拖把擦干净，用扫帚的话反而容易扬尘导致花粉扩散，起到相反的效果。衣橱附近和盥洗室也要用平板拖把轻轻地擦干净。

与PM2.5混合之后杀伤力升级的花粉

近几年来的春天，除了花粉，还有一样东西也经常被人提起，那就是PM2.5。

PM2.5本来是直径2.5微米以下的微粒的总称。并不是所有的PM2.5都是有害物质，但其中造成大气污染的典型微粒——柴油机产生的颗粒物则让人十分担忧，吸入此物质有致癌和引发支气管哮喘的风险。

但真正成问题的并不只是PM2.5。当很多PM2.5吸附在颗粒较大的花粉表面时，它会吸收空气中的水分变得膨胀，然后和花粉一起爆开，在空气中扩散。变得更小更轻的花粉和PM2.5会长时间漂浮在空气中，导致花粉症更易爆发。而

PM2.5 也会变成更小的 PM1.0，这种有害物质会轻易地就到达肺部，对身体健康造成不良影响。

如果 PM2.5 飘进家里，它会混在灰尘中，飘散到家中各个角落，特别是卧室的床头、床板、窗帘和门等处。如果还粘着很多花粉的话，会更加影响身体健康。打扫卫生时要小心别让 PM2.5 再次扩散到空气中。

首先用干的平板拖把擦一遍地面，床周围则用微纤维抹布干擦。

在打扫窗帘导轨和门上的灰尘时，可使用清理窗户玻璃的刮水器。将其橡胶部分每隔 5 毫米剪一个缺口（见第 115 页图），然后把抹布或者毛巾用水打湿，轻轻擦拭沾湿橡胶部分，接着用刮水器朝着同一个方向慢慢刮过窗帘导轨。这样做不仅不会扬尘，而且可以清理掉大量结块的灰尘。

预防疾病小贴士

花粉较多的玄关、衣橱、盥洗室等用平板拖把干擦。清理 PM2.5 用前端剪过的刮水器最为合适。

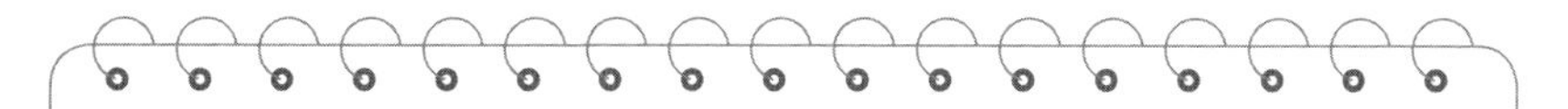

脏污会透过纸巾直接接触皮肤

接触脏东西时，很多人都会用餐巾纸来擦，然后将脏纸巾团成一团扔进垃圾箱。但是，餐巾纸真的可以隔绝脏污吗？

我们用显微镜可以观察到，许多餐巾纸是由横向、纵向和斜向的纤维交织而成的，每个纤维颗粒中都有很多直径 100 微米左右的小洞。这个洞比花粉、细菌和病毒要大，所以当人们用餐巾纸擤鼻子时，细菌、病毒就能通过这些小洞粘到手上。你当然可以几张叠起来一起用，但也不能完全排除粘到细菌、病毒的可能性。

就这样，手上的细菌和病毒会在不经意间转移到

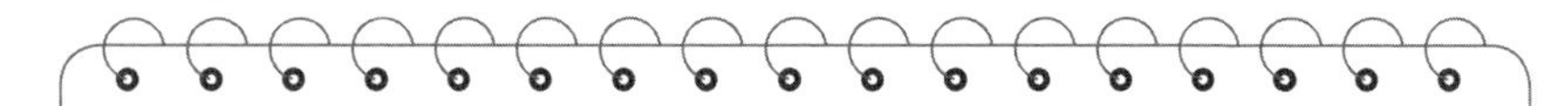

扶手或者门把手上，随之又附着到他人手上，最后进入口中。这样，由接触造成的病毒、细菌传播就扩散开来了。

当然，卫生纸也是一样。容易在厕所感染的诺如病毒的直径非常小，只有 0.03 微米，很容易穿透卫生纸纤维的空隙。

如果用餐巾纸或者卫生纸处理脏东西，哪怕不和手直接接触也绝对不可大意，处理完一定要把手洗干净。

第3章 不同房间的打扫诀窍

本章，我将根据长年清扫医院总结出的经验，具体为大家介绍在日常生活中能够实际派上用场的打扫方法，包括如何选择和使用合适的清洁剂与打扫工具，以及在打扫不同区域时要采取的相应的预防感染小诀窍。这些方法不仅能让你的打扫省时省力，还能够预防疾病的发生。

本章，我将针对家中的不同区域分别介绍远离疾病的打扫方法。

家中的不同区域感染疾病的风险是不一样的，在每一小节的开始，我把感染风险的高低用星星数量直观地表示了出来。较易感染是三颗星，次之两颗星，相对不容易感染则是一颗星。

此外，我还将该区域可能潜藏的病原体和最具代表性的疾病也列出来了，方便大家对照和重点防范。

Point 15

如何预防厕所的病菌感染？

潜藏的病原体

大肠杆菌、葡萄球菌、诺如病毒、轮状病毒

引发的疾病与症状

急性胃肠炎（腹泻、腹痛、恶心、呕吐、发热）

感染指数

★★★

首先，我想给大家介绍一下家中最容易感染病菌的地方——厕所。

在厕所，比较容易感染的细菌和病毒有大肠杆菌、葡萄球菌、诺如病毒、轮状病毒等。我们经常用手碰到的地方，比如坐便器的盖子、放水旋钮、门把手，都是引发细菌感染的介质。

马桶刷也需要留心。我们在使用后通常会将其收进配套的盒子里，久而久之，造成里面的积水污染严重，大量病菌繁殖，因此最好尽快将积水处理掉。其实，不用马桶刷也能清洁坐便器，后面我会介绍具体的方法。

打扫厕所应按照以下顺序进行。

1. 清理墙壁和地面的灰尘

在打扫厕所的时候，最好先戴上橡胶手套，按照先墙壁后地面的顺序，用剪过的刮水器（参见第 115 页）清扫灰尘。不要先从坐便器里面开始清理，因为坐便器中的水会四处飞溅，弄湿地面和墙壁，使灰尘附着在上面，更难清理干净。打扫地面时，需按照从里往外的顺序打扫。墙角、坐便器边缘以及垃圾桶周围等容易积灰的地方需要重点打扫。

2. 处理坐便器的污垢

接下来，按照从上到下的顺序擦拭坐便器。从水箱周围开始擦起，接着是坐便器的盖子，然后是马桶座，最后是便池的部分。由于擦拭上面的时候，带有细菌和病毒的灰尘会往下掉，如果先打扫下面，那么就会导致二次污染，因此一定要牢记顺序。

擦拭时可使用水溶卫生纸，先把尿渍擦净。如果污垢比较严重，先用湿纸巾蘸一点酸性清洁剂再擦。为保证完全去除污垢，我们需要尽可能地用力并且来回擦拭。

针对坐便器里面的污垢，我们可以先涂上清洁剂，然后把叠好的水溶卫生纸紧贴在上面，使清洁剂与污垢充分浸润，静置 3 分钟之后再用水溶湿纸巾擦拭，最后放水冲掉即可。要注意的是，涂上清洁剂就立刻放水冲的话会使二者接触不充分，导致不能有效地去除污垢。

如果坐便器内壁粘有非常顽固的污垢，我推荐使用建材超市或者家居商店卖的防水磨砂纸。它是由防水纸制作的，湿了也不会破。粒度大约为 2000 的磨砂纸用来清除坐便器的顽固污垢是最合适不过的。使用时，将磨砂纸剪成小块，用完即扔，非常卫生。

还有一点要注意的是，坐便器冲水时，为了防止水珠飞溅得到处都是，一定要盖上盖子再冲水。

以上环节都结束之后，我们要摘下手套，把用过的橡胶手套洗干净，放在通风处吹干。如果没戴手套空手打扫的话，就把手洗干净。

3. 消毒处理

如果不先把污垢清理干净就使用消毒液，会使器具上附着的皮脂等和消毒液产生反应，导致其失去消毒效果。因此，我们需要先把污垢擦干净再进行此步骤。

戴上新的橡胶手套或是一次性的塑料手套，用消毒湿巾对坐便器、卫生纸架、放水旋钮、门把手以及擦过灰的刮水器进行杀菌消毒。要沿同一个方向擦拭。

虽然不需要每天都清理厕所，但是如果家里人有感染诺如病毒的情况，那么每次上完厕所之后还是要进行消毒，尤其是手经常碰到的地方。

在使用家用漂白剂消毒时，应至少静置 1 分钟再擦净。此外，在家里有病毒感染者的情况下，尽量不要使用坐便器垫圈，因为消毒比较困难。

一般来说，有防水涂层的坐便器不易积垢，因为涂层会将附着在表面的水或者污渍凝结成球状然后弹开。然而，这并不能保证万无一失。

圆圆的水滴干了之后会在坐便器表面形成一个白斑，这个白斑就是水垢。

因此我更推荐使用亲水性涂层产品。污水先是紧紧附着在有亲水性涂层的坐便器表面，然后会慢慢变小最终消失不见，不会留下像防水涂层表面那样的白斑。这类产品各大建材超市均有销售，请一定尝试一下。

至于一些容易被遗忘的边边角角的厕所区域该如何打扫，请具体参照厕所打扫区域一览表。使用合适的清洁剂，养成定期去污消毒的好习惯吧。

厕所打扫区域一览表

易脏处		水箱盖子	坐便器和水箱的缝隙	智能坐便器的喷管	坐便器盖子的内侧
污渍颜色		灰色	灰色	黑色	灰色
污渍种类		水垢	灰尘	水垢	灰尘
材料		陶瓷	陶瓷	塑料	树脂
配套使用的清洁剂和清洁工具		中性清洁剂＋陶瓷专用研磨片	中性清洁剂＋海绵	霉菌清洁泡沫＋无纺布	中性清洁剂＋海绵
清洁顺序	①	浸湿	浸湿	浸湿	浸湿
	②	涂抹清洁剂	涂抹清洁剂	喷上清洁泡沫	涂抹清洁剂
	③	研磨片擦拭	海绵擦拭	无纺布擦拭	海绵擦拭
	④	用水冲洗	湿抹布擦净	用水冲洗	湿抹布擦净
静置时长		适当	适当	3～5分钟	适当
适宜温度		20℃以上（常温）	20℃以上（常温）	20℃以上（常温）	20℃以上（常温）
注意事项				去霉的同时进行杀菌，放置3～5分钟后即可用水冲洗	

注：日本坐便器水箱上方有洗手池。

Point 16

如何预防厨房的病菌感染？

潜藏的病原体

绿脓杆菌、大肠杆菌、金黄色葡萄球菌

引发的疾病与症状

急性胃肠炎（腹泻、腹痛、恶心、呕吐、发热）

感染指数

★★★

厨房是继厕所之后第二个容易感染疾病的场所。不干净的厨房非常容易滋生绿脓杆菌、大肠杆菌、金黄色葡萄球菌等病原微生物。如果用手摸过这些细菌繁殖的地方，然后再去触碰食物、餐具、厨具等，就很有可能引发食物中毒。因此用过厨房之后一定要把水渍擦干，案板、抹布、排水口也都要用家用漂白剂消毒，将食物中毒的风险降到最低。

洗碗用的海绵十分容易滋生细菌，进而使人感染急性胃肠炎，因此是重点清洁对象。为了预防感染，首先要做的就是把湿海绵晾干。使用完后，用热水冲洗海绵，拧干水再放在通风口晾干。考虑到长效抗菌的问题，在选择洗碗工具时，最好选择掺杂了银离子的海绵以及容易干的丝瓜络洗碗巾。

不锈钢的水槽容易积一些水垢，还有由自来水中的钙质结成的“白霜”。清理时，可准备 10% 的柠檬酸水（300 毫升水里加两大勺柠檬酸）倒入喷瓶，然后喷在水槽中，放置 1 ~ 3 分钟，之后用海绵把污垢擦干净即可。如果这样还是不能有效清除污垢的话，就将柠檬酸水的浓度换成 10% ~ 30%，喷完后贴上保鲜膜放置 10 ~ 15 分钟，再擦洗干净。

虽然柠檬酸是弱酸，但毕竟还是酸，有可能使不锈钢变色，所以最后不要忘记用中性或者弱碱性的洗洁精中和清洗一下。

燃气灶炉架和换气扇上的油污如果不及时处理会导致蟑螂繁殖。处理油污时，把能拆洗的部件放进两个套在一起的大号塑料袋里，往袋中加入80℃的热水和碱性清洁剂（其中含有酒精等可以溶解油脂的挥发性成分），扎紧袋子口放到加满热水的浴缸或大盆里浸泡30分钟。这样去油污既有效又省力。

如果没有碱性清洁剂，也可以用小苏打代替。在1升热水加入3～4大勺小苏打，然后把炉架和换气扇放进去静置5～10分钟，最后用水冲洗干净。

如果油污十分顽固，可以先用丝瓜络把部件表面的油污刮掉，然后再放入倒有碱性清洁剂的热水中浸泡，这样会更容易浸透污渍，去污效果也更好。此外，温度越高污渍越容易软化，所以夏天进行厨房大扫除会更合适。

最后，我要教大家一个轻松清理换气扇的诀窍。

在干净的换气扇表面用肥皂均匀地涂上一层膜，使用时油污就会粘在肥皂膜上，清理的时候只要用湿抹布擦一擦就干净了。

但是这个方法不适用于沥水架和微波炉。肥皂在潮湿的环境里容易熔化，反而让污垢变得更难去除。

厨房打扫区域一览表

易脏处		灶台边缘	烧水壶	炉架	燃气灶的控制按钮周围	微波炉的外侧	墙纸、开关
污渍颜色		白色	黑色	黑色	褐色	褐色	褐色
污渍种类		氯化物	烧焦	烧焦	油污	油污	油污
材料		不锈钢	不锈钢、铝	不锈钢、铝	塑料	塑料	纸、塑料
配套使用的清洁剂		柠檬酸溶液＋中性清洁剂	小苏打	小苏打	碱性清洁剂＋牙粉	碱性清洁剂	塑料橡皮擦
清洁顺序	①	弄湿 喷柠檬酸	往水中加入小苏打煮开	往水中加入小苏打煮开	打湿控制按钮周围	打湿需要清理的一侧	清理灰尘
	②	涂上中性清洁剂然后包上保鲜膜	把水壶放入①里面	把炉架放入①里面	涂上碱性清洁剂	用一次性毛巾沾清洁剂敷在上面	用塑料橡皮擦擦干净
	③	放置 10～15分钟	放置 5～10分钟	放置 5～10分钟	撒一点牙粉，用抹布擦干净	放3分钟后擦干净	
	④	用水冲洗	用水冲洗	用水冲洗	湿抹布擦净	湿抹布擦净	
静置时长		10～15分钟	5～10分钟	5～10分钟	3分钟	3分钟	
适宜温度		30℃以上（常温）	80℃	80℃	20℃以上（常温）	20℃以上（常温）	
注意事项		柠檬酸如果浸泡时间过长容易损伤不锈钢			处理顽固污渍需将清洁剂加热到30℃以上	处理顽固污渍需将清洁剂加热到30℃以上	

Point 17

如何预防浴室的病菌感染？

潜藏的病原体

鸟分枝杆菌复合群、霉菌、绿脓杆菌、大肠杆菌、金黄色葡萄球菌

引发的疾病与症状

鸟分枝杆菌复合群肺病（咳嗽、咳痰、血痰等）、支气管哮喘（咳嗽、喘鸣、腹痛、恶心、呕吐、发热等）、急性胃肠炎（腹泻、腹痛、恶心、呕吐、发热等）

感染指数

★★

浴缸盖板的里侧、排水口、水龙头等处特别容易滋生细菌，导致浴室里感染疾病的概率居高不下。如果不把水清理干净，就会造成霉菌和细菌大量繁殖，所以经常通风换气、洗完澡之后把水擦干是非常关键的。

洗澡时孩子玩的玩具也有可能附着绿脓杆菌。实际上以前就发生过一起由玩具上的绿脓杆菌引起的集体感染事件，因此在对待玩具这方面不能掉以轻心。玩过之后记得把它洗干净，然后晾干。还有浴巾和踩脚垫也是一样，需要经常清洗且保持干燥。

就像我在第 1 章所说的，打扫浴室时由于要大量使用家用漂白剂，因而必须开窗换气，这样做还可以预防感染鸟分枝杆菌复合群。

还有要注意的一点是，要用冷水打扫浴室以防止霉菌繁殖。因为适宜的温度、湿度和充足的水分、营养是导致霉菌大量繁殖的根源，用温水打扫的话会容易滋生霉菌。

接着我要和大家说一下如何清理牢牢附着在浴室门和窗框边上的顽固黑霉。

一般的液体除霉剂倒上去会立刻淌走，根本不能附着在霉菌上起到清洁作用，还是要用力擦试才能勉强去除。而泡沫状的除霉剂能解决这一难题。与液体的比起来，它更能长时间作用于霉菌。

那么，是否泡沫除霉剂就是最佳选择了呢？不是！我还有一个更好的推荐。那就是管状的除霉凝胶。这种黏糊糊且不容易干的除霉凝胶可以放置好几个小时，便于长效作用于霉菌，后面清理起来省时省力，建材超市等均有销售。

除以上几个场所之外，还有一些地方积污也很严重。请参照下面的一览表，把潜藏在污渍里的病原体全部清理干净吧。

浴室打扫区域一览表

易脏处		天花板	墙壁接缝处	花洒头	浴缸边上
污渍颜色		黑色	黑色	黑色	褐色
污渍种类		霉菌	霉菌	霉菌	和浴缸盖板摩擦留下的树脂残留
材料		FRP（纤维增强复合塑料）	有机硅树脂	塑料	FRP（纤维增强复合塑料）
配套使用的清洁剂和清洁工具		家用漂白剂	家用漂白剂	家用漂白剂	浴室专用中性清洁剂、FRP 专用金刚砂海绵擦
清洁顺序	①	打湿天花板	用水弄湿	用水浸湿	用水浸湿
	②	用漂白剂浸湿一次性毛巾，然后贴在天花板上	用漂白剂浸湿一次性毛巾，然后贴在墙缝处	用漂白剂浸湿一次性毛巾，然后包住花洒头	给海绵擦涂上浴室专用中性清洁剂
	③	放置 3 ~ 5 分钟	放置 3 ~ 5 分钟	放置 3 ~ 5 分钟	海绵擦拭
	④	用水冲洗	用水冲洗	用水冲洗	用水冲洗
静置时长		3 ~ 5 分钟	3 ~ 5 分钟	3 ~ 5 分钟	适当
适宜温度		20℃以上（常温）	20℃以上（常温）	20℃以上（常温）	20℃以上（常温）
注意事项		要戴眼镜或者护目镜以防漂白剂进入眼睛	要戴眼镜或者护目镜以防漂白剂进入眼睛	要戴眼镜或者护目镜以防漂白剂进入眼睛	避开高温天气

Point 18

如何预防洗脸台的病菌感染？

潜藏的病原体

绿脓杆菌

引发的疾病与症状

呼吸道感染、尿路感染、败血症等

感染指数

★★

在洗脸台旁比较容易感染绿脓杆菌。牙刷和漱口杯用过之后不要就那么放着，仔细清洗干净并且晾干才能抑制细菌滋生。

需要特别注意的是洗手液。我估计很多人在洗手液用完之后就直接往瓶子里倒新的。其实这样做会使脏水残留在瓶子里，导致绿脓杆菌大量繁殖。如果我们直接用它洗手，不仅不会变干净，反而有感染疾病的风险。所以，倒入洗手液替换装之前先要把瓶子洗干净、晾干。

还要注意肥皂。装肥皂的盒子总是既潮湿又黏糊吧？绿脓杆菌在这样的环境中大量繁殖也就不奇怪了。因此，应尽可能地保持肥皂盒不积水。

擦手毛巾也很容易滋生细菌，所以在它有味道之前一定要勤洗勤换。

洗脸池中十分容易积水垢，尤其是排水口周围，经常能看到黑色污垢。清洁时在牙刷上蘸一点浴室专用清洁剂，就能刷干净。如果污垢比较顽固，可以再加一点牙粉作为研磨剂，刷完用水冲干净即可。

洗脸池壁上方有一个叫防溢水口的洞，其作用是避免水太多而溢出，这个地方也很容易滋生霉菌。清理防溢水口时，先用水打湿它，然后喷上泡沫状除霉剂，静置 3 ~ 5 分钟，

用普通的海绵擦干净，再冲一下就好了。

为保持洗脸池的排水通畅，我推荐选择和坐便器一样的亲水性涂层产品。水龙头和镜子也最好使用这种涂层。

话说回来，你洗脸台周围的东西是不是多到都要溢出来了呢?

其实东西越多越容易积灰，灰尘沾水之后会变得黏糊，更加难以清理，这也是霉菌滋生的一大原因。为了避免这种情况，洗脸池边尽量少摆东西，东西实在多的话可以用收纳盒收好，尽可能保持空间整洁，这样打扫起来也更方便。

今后，为了更好地预防绿脓杆菌和其他细菌大量繁殖，请一定按照以上我说的重点来使用和打扫洗脸台。

洗脸台打扫区域一览表

易脏处		排水口	水龙头	洗脸池	防溢水口
污渍颜色		黑色	白色	黑色	黑色
污渍种类		水垢	泛白的氯化物	水垢	霉菌
材料		不锈钢	镀金属	瓷砖、FRP（纤维增强复合塑料）	瓷砖、FRP（纤维增强复合塑料）
配套使用的清洁剂和清洁工具		中性浴室专用清洁剂＋金钢砂尼龙无纺抹布＋牙粉	中性浴室专用清洁剂＋金钢砂尼龙无纺抹布	中性浴室专用清洁剂＋金钢砂尼龙无纺抹布	泡沫除霉剂＋海绵
清洁顺序	①	用水打湿排水塞	用水沾湿	用水沾湿	用水沾湿
	②	喷上清洁剂	用清洁剂浸湿一次性毛巾，然后贴在缝隙处	用清洁剂浸湿一次性毛巾，然后包住花洒头	给海绵涂上浴室专用中性清洁剂
	③	用牙刷刷，若遇顽固污渍则撒上一点牙粉后再刷	用抹布擦拭	用抹布擦拭	用海绵擦拭
	④	用水冲洗	用水冲洗	用水冲洗	用水冲洗
静置时长		适当	适当	适当	3～5分钟
适宜温度		20℃以上（常温）	20℃以上（常温）	20℃以上（常温）	20℃以上（常温）
注意事项			控制好用力，不要损伤镀金属		去霉和除菌一同进行，需静置一会儿再用水冲洗

Point 19

如何预防客厅和卧室的病菌感染？

潜藏的病原体

螨虫、螨虫尸体和粪便、曲霉

引发的疾病与症状

支气管哮喘（咳嗽、喘鸣、呼吸困难等）、变应性支气管肺曲霉菌病（咳嗽、喘鸣、咳痰等）

感染指数

★

客厅和卧室里感染疾病概率较高的地方有容易滋生螨虫的椅子和地毯、容易积灰的床上用品和床底下、潮湿环境下容易滋生细菌的榻榻米，还有加湿器，等等。在流行病的高发期，墙上的照明开关和遥控器等也有感染疾病的风险。

首先我们来看一下客厅。

打扫地毯一直是一件棘手的事。地毯是一个集灰尘、霉菌和螨虫等脏污于一体的地方，地暖和地毯的组合更是促使病原微生物大量繁殖。一般的吸尘器只能清理地毯表面的垃圾，即使用粘尘滚筒也是一样的效果。

因此，不是必需的话还是不要铺地毯。如果实在想铺，清理时就要用排气口位置比较高的吸尘器，切换到大功率吸尘。吸尘器要开到能把地毯上的毛都吸起来的程度，才能除掉地毯里面的脏污。吸尘时，要以 5 ~ 6 秒移动 1 米的速度轻轻拉吸尘器的吸头。

清理布艺沙发的螨虫时可以先用蒸汽熨斗熨一熨，之后再用干抹布采取按压式擦法将沙发的水吸掉。

清理榻榻米时用微纤维抹布沿着接缝处干擦，之后换一块抹布用酒精浸湿，再擦一遍。

清理窗帘导轨和门上的灰尘时，就用我之前介绍过的刮水器。把它的橡胶部分每隔 5 毫米剪一个缺口，用湿抹布打湿橡胶部分，然后朝同一个方向慢慢刮过窗帘导轨，就能轻松清除灰尘。

电视机或者录像机的背面等电路比较集中的地方特别容易积灰，请养成定期清理的好习惯。另外，不要把这些电器放在原本就容易积灰的空调下面。

加湿器的盛水容器和空气净化器很容易成为霉菌繁殖的温床，需要定期清理和维护。用清洁剂洗过之后，记得喷上酒精再晾干。空调滤网也是一样，必须定期清理干净。

其次是卧室。

我在第 2 章已经说过，床上用品和衣物等容易掉絮，所以卧室的灰尘相比其他房间更多。在榻榻米的房间铺被子或者叠被子的时候，也十分容易扬尘。如果只铺一层垫子就直接睡在榻榻米上，会较易受灰尘的影响，因此从卫生的角度来看，还是睡在高一点的床上更好。

话虽如此，睡床就高枕无忧了吗？这可不一定。

现代护理事业的创始人弗罗伦斯·南丁格尔在《护理笔记》一书中提到了没有打扫干净的床铺周围是如何对健康造成不良影响的。床底下容易聚积大量含有细菌和病毒的灰尘，可以说是重点打扫对象。

还有一点要注意的是，如果打扫方法不当，反而有可能导致床下的积灰扩散到整个房间。

一般来说，我们在打扫的时候会把注意力集中在拖把与地面接触的一侧，但实际上，拖把上面也需要关注，因为当我们移动拖把时，灰尘会被扬起来然后落在拖把上面。

很多人打扫床底时喜欢用力地拖进拖出，这就导致落在拖把上的灰尘又被带到外面，扩散到空气中了。因此，打扫床底时，最好给拖把包上除尘纸，紧贴地面轻轻拖动即可。

被子容易滋生螨虫，一定要经常拿出去晒。收回来之前记得在室外用手持吸尘器或者掸子把螨虫及螨虫尸体等清理掉。如果使用吸尘器的话，要切换到大功率模式。

如果没有可以在室外用的吸尘器，就用手轻轻地掸一掸被子的表面。不能用力拍打被子，否则里面的螨虫会扩散到空气中，而且会损伤被子的纤维。

床单、被套应一周换一次。如果实行起来比较困难的话，就按照我之前说的，把三条浴巾铺在床上。一条包枕头，一条垫在枕头下面，最后一条包住靠脸那侧的被子，定期清洗交换浴巾即可。

最后我要重复一下打扫房间的基本方法，就是从高处往低处打扫，这样做可以非常高效地清除灰尘。打扫地面的灰

尘最好等到第二天早上。不要在睡前打扫卧室的地面，这样做只会让灰尘扩散到整个房间，从而影响身体健康。

客厅、卧室打扫区域一览表

易脏处		纱窗	窗框	窗户玻璃	
污渍颜色		褐色	褐色	褐色、黑色	
污渍种类		灰尘、沙子	灰尘、沙子	废气、灰尘、泛白的氯化物	
材料		聚丙烯	铝	玻璃	
清洁剂		中性清洁剂	中性清洁剂	弱碱性清洁剂（含有酒精）	
清洁顺序	①	用水打湿纱窗	用小刷子把沙子和沙砾扫出去	用水打湿窗户	用水打湿窗户
	②	准备两块海绵	用水打湿窗框	喷上清洁剂	把清洁剂倒在海绵上，然后擦拭玻璃
	③	把清洁剂倒在两块海绵上，然后从内侧和外侧夹住纱窗擦	倒一点清洁剂在上面，然后用牙刷刷	用海绵擦拭	用刮水器把水刮掉
	④	水洗后用微纤维抹布擦干	用海绵擦拭	用微纤维抹布擦干净	用微纤维抹布擦去残留的清洁剂
静置时长		适当	适当	适当	适当
适宜温度		20℃以上（常温）	20℃以上（常温）	20℃以上（常温）	20℃以上（常温）
注意事项		避开高温天气以防清洁剂变干	避开高温天气以防清洁剂变干	避开高温天气以防清洁剂变干	避开高温天气以防清洁剂变干

Point 20

正确选择和使用家用清洁剂

不同种类的污渍所对应的清洁剂

前文中我已经和大家强调了，家中各处的污垢容易滋生细菌和病毒，而有效地清除这些污垢对于预防传染病来说非常重要。这一节，我再和大家详细地总结一下家用清洁剂的种类、特征以及对什么样的污渍最有效。

清洁剂大致可以分为中性、酸性和碱性三种，其各自能清除的污垢种类不一样。

中性清洁剂 pH 值为 6 ~ 8，对手部皮肤最为温和，但是清洁能力最弱，多用于日常打扫。

酸性清洁剂能够有效去除水垢、肥皂残渣以及厕所墙壁和坐便器的泛黄。pH 值为 3 ~ 5.9 的弱酸性清洁剂和 pH 值小于 3 的强酸性清洁剂在市面上都可以买到。比起弱酸性清洁剂，强酸性清洁剂去污更干净，推荐在清理顽固性污渍时使用。

现在市面上的清洁剂大都被分成厕所用、浴室用等，其实只要是酸性清洁剂，哪怕标的使用场所不一样也是可以使用的，不用买那么多种类。

有一点要注意，酸性清洁剂具有腐蚀性，不锈钢或者大理石与其长时间接触容易变色，而且大理石还有被溶解的危险，所以使用酸性清洁剂要尽量避开这两种材质。

碱性清洁剂适用于处理油污和皮脂、皮屑等污渍。pH 值 8.1 ~ 11 的弱碱性清洁剂适合清除手印和地板上的足印。将清洁剂喷在污垢处，稍微等一会儿，然后拿微纤维抹布或者普通抹布用力擦拭即可。另一方面，pH 值为 11.1 ~ 14 的强碱性清洁剂在处理厨房的顽固污渍时很有效，使用时最好戴上手套以防灼伤手。

有的清洁剂里还含有螯合剂（金属螯合剂）、有机溶剂等辅助表面活性剂的成分。

螯合剂在水中与金属离子产生反应，可以帮助表面活性剂更好地发挥作用，一些中性清洁剂基本上都含有这个成分。在一些经常用水的地方，添加螯合剂的清洁剂去污能力更强，所以买的时候不要只看价格，一定要先确认一下成分。

另一方面，有机溶剂指的是酒精和丙酮这类可以溶解油脂的、具有挥发性成分的液体。在处理厨房的顽固油污时，我推荐使用加了有机溶剂的碱性清洁剂。

大多数人在清理霉菌时会使用专门的除霉剂，它的有效成分次氯酸钠能够完全破坏霉菌的细胞结构。其实这种成分

在家用漂白剂里面也有，因此，厨房专用漂白剂也可以用来去除霉菌。

还有千万要注意的一点是，家用漂白剂和酸性清洁剂混合会产生有毒的氯气，所以这二者绝不可以一起使用。

清洁剂起效需要一定的时间

有的人在打扫厕所时，会在坐便器上倒一些清洁剂，然后用刷子用力来回刷，但是尿渍什么的就是刷不干净。你有过这样的经历吗?

最主要的原因就是清洁剂起效需要一定的时间，必须让清洁剂充分浸透污渍，才能发挥去污的作用。

那么涂上清洁剂之后需要过多长时间呢? 答案就是，无论什么污渍，最短需要 3 分钟，顽固污渍则需要 30 分钟至 1 小时。

清洁剂起效很花时间，然而它的效果却是毋庸置疑的，之后我们可以轻轻松松地去除顽固污渍。清理坐便器时，在角角落落都仔细涂上酸性清洁剂，过 3 分钟之后再擦即可干净地去除污渍。

为了让清洁剂更好地渗透污渍，可以先用旧牙刷在污渍

表面刷一刷，之后再涂上清洁剂，这样效果会更好。

比起一开始就“吭哧吭哧”地用力刷，还是等清洁剂浸透污渍之后再处理会更加轻松和有效。最近市面上多了不少黏稠型的清洁剂，大概也是因为大家意识到了它的好处。

选择正确的清洁剂并使用得当，就能够干净利落地清除污渍，从而有效抑制细菌繁殖。

不同污渍所对应的清洁剂一览表

污渍种类	清洁剂种类	市面上的清洁剂举例
手上的油污 地板上的足印	弱碱性清洁剂	狮王厨房清洁剂 花王多功能家居清洁喷雾 小苏打
厨房的油污	碱性清洁剂	花王强力泡沫型厨房油污清洁剂
水垢 厕所的泛黄 浴室的肥皂残渣	酸性清洁剂	金鸟厕所除菌消臭清洁剂
霉菌	家用漂白剂	花王漂白清洁剂 美洁卫漂白清洁剂

根据不同种类的污渍有针对性地使用不用的清洁剂。使用时需要注意以下两点：①家用漂白剂和酸性清洁剂绝不能混用；②金鸟厕所清洁剂的酸性较强，要尽量避免每天使用，同时不要长时间接触不锈钢。

预防疾病小贴士

碱性清洁剂：油污、皮脂皮屑；

酸性清洁剂：水垢、肥皂残渣、厕所的泛黄；

氯漂白剂：霉菌。

Point 21

忙碌之人必备！
20元打扫工具

打扫卫生必备好物

我最想推荐使用的打扫工具是我在前文介绍过的可以用来擦窗户和浴室的刮水器。

其原因我在第 2 章也说过，把刮水器的橡胶部分每隔 5 毫米剪一道缺口（见右图），就可以完美清理房间角角落落的灰尘了，十分方便。

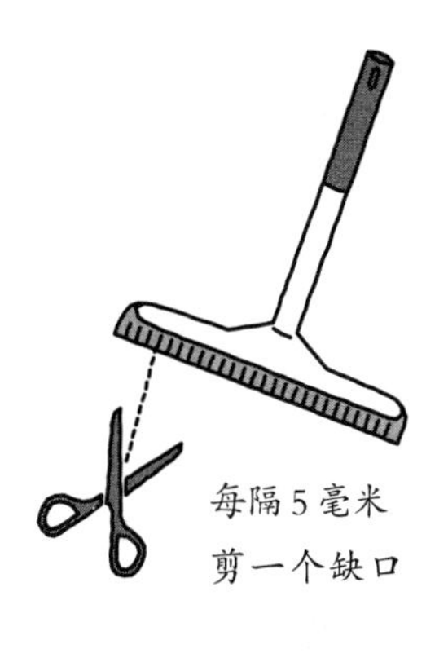

使用方法也很简单。地面台阶的角角落落、架子上和其他高处、浴室的墙壁、天花板、厕所地面等都可以用它来清理。这样的缺口能够夹住一小团一小团的灰尘，所以只需轻轻一刮就能带走大部分灰尘，多窄小的地方都能很好地带到，既不扬尘又能把头发和灰尘刮干净，可谓完美。

这个工具在家居小商店就能买到，剪几个放在家里容易积灰的地方，随手清理十分方便。

如何选择称手的抹布

在选择抹布的时候，我推荐使用微纤维材质的抹布。家居小商店同样有售。有不少人会把用过的毛巾当作抹布，但其实这样的毛巾容易掉絮，并不适合用来打扫卫生。

微纤维抹布的纤维十分细小，因此小颗粒的灰尘很容易附着其上。用水打湿抹布后，可以在不用清洁剂的情况下把家具和窗框上的一些顽固灰尘污渍擦干净。其缺点是纤维比较硬，有损伤家具的可能，所以擦的时候不要太过用力。

无论如何，要把这些打扫工具放在方便拿出来的地方，尽量在平时就养成顺手打扫一下卫生的习惯。

家居小商店里卖的刮水器，只需把它的橡胶部分每隔 5 毫米剪一道缺口，就可以变成角落和高处灰尘的“打扫神器”。

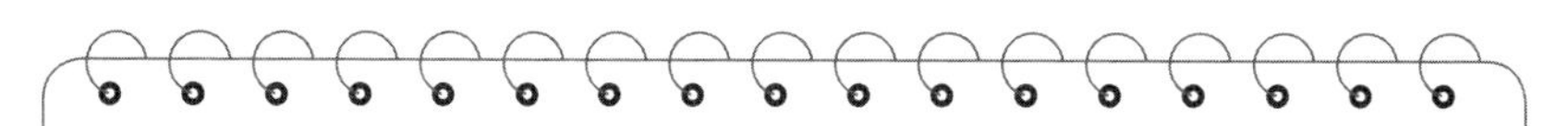

令人防不胜防的陷阱：除菌湿巾

有小孩子的家庭基本上会常备湿巾。

虽然各大厂家一直在宣传含酒精的湿巾有除菌效果，但是当你知道它的酒精含量的时候，就会对此表示怀疑。

不同湿巾产品的酒精含量可能不一样，但总体来说都在 20% ~ 30%。但是，根据相关规定，能够有效杀菌消毒的酒精含量要在 60% ~ 80%（日本药店定义消毒用乙醇的浓度为 76.9% ~ 81.4%）。因此，浓度只有 20% ~ 30% 的湿巾是不能有效杀菌消毒的。

为什么湿巾的酒精含量这么少呢？这是因为湿巾必须含有充足的水分，在开封之后的很短时间内就变

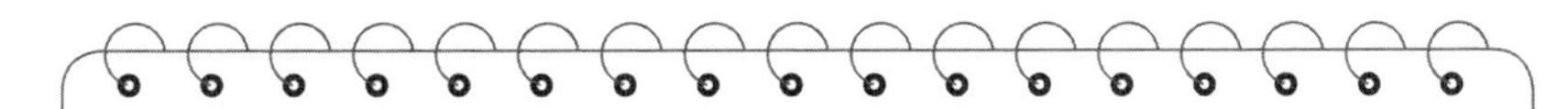

干的话，湿巾就卖不出去了。如果湿巾含有大量挥发性酒精，很快就会变得干干的。为了避免这种情况，才要在里面加入充足的水分使其保持湿润，因此只好调低酒精浓度。

选择购买湿巾时，不要光考虑“只要有酒精就可以放心使用”，还应该确认有没有加入其他消毒成分，比如有除菌效果的苯扎氯铵，等等。

第4章
如何坚持 “远离疾病的健康打扫术”

虽说是为了预防疾病，然而每次都毫无遗漏地打扫家中的每个地方实在是太过辛苦。因此，事半功倍的打扫就显得尤为重要。在最后一章里，我将教大家如何轻松高效地打扫卫生。

Point 22

家中不是所有的区域都一样脏

不同场所的污渍种类

前三章我已经详细说明了家中潜藏的各种感染风险，我想大部分人看过之后都会暗下决心“一定要比之前更彻底地打扫卫生才行”。

但是，我觉得也没有必要钻牛角尖，只要重点清扫家中比较脏的几处地方，就能有效预防疾病。

因此，要想提高效率，就必须知道自己家中到底哪里比较脏。

常年负责医院卫生工作的我突然有一天产生了这样的疑问：不同场所的干净程度不一样，然而打扫起来却一概而论，这样真的合理吗？打扫不脏的地方意义何在？这难道不是在浪费时间和金钱吗？

抱着这样的疑问，我考察了一下医院各个地点容易出现的污渍种类，然后总结成了一张“污渍地图”。

考察时，我戴上一次性手套，摸遍了医院各处的地面，得知不同的脏污摸起来感觉是不一样的。比如，灰尘摸起来软软的，沙土摸起来很粗糙，灰尘和沙土混合物摸起来既软又粗糙，干净的地面摸起来就比较光滑。接着我又摸了摸自家的地面，发现家中的沙土很少，手上不怎么会有粗糙的感觉，基本上不是比较光滑的就是软软的。也就是说，不同场所的脏污种类也是不一样的。

普通住宅的脏污分布图如第123页所示。经常用水的地方容易滋生霉菌和水垢，地板和榻榻米则容易累积灰尘和毛发，灶台周围容易积油污，窗户附近则多滋生霉菌，玄关的沙土和灰尘比较多。

此外，不同家庭的污渍种类也大不相同。比如说，如果家里的小孩到处乱摸，家中各处低于大人腰部的位置就容易留下很多手上的污痕。小孩子满屋乱跑的话，空气中的灰尘也会更多。养宠物的家庭，动物的毛发和皮屑会更多。

除了不同场所的污渍不一样以外，污渍的种类还会随着家庭成员的变化而变化。因此，根据以上规律重点清洁家中比较脏的地方即可。

普通住宅的脏污分布图

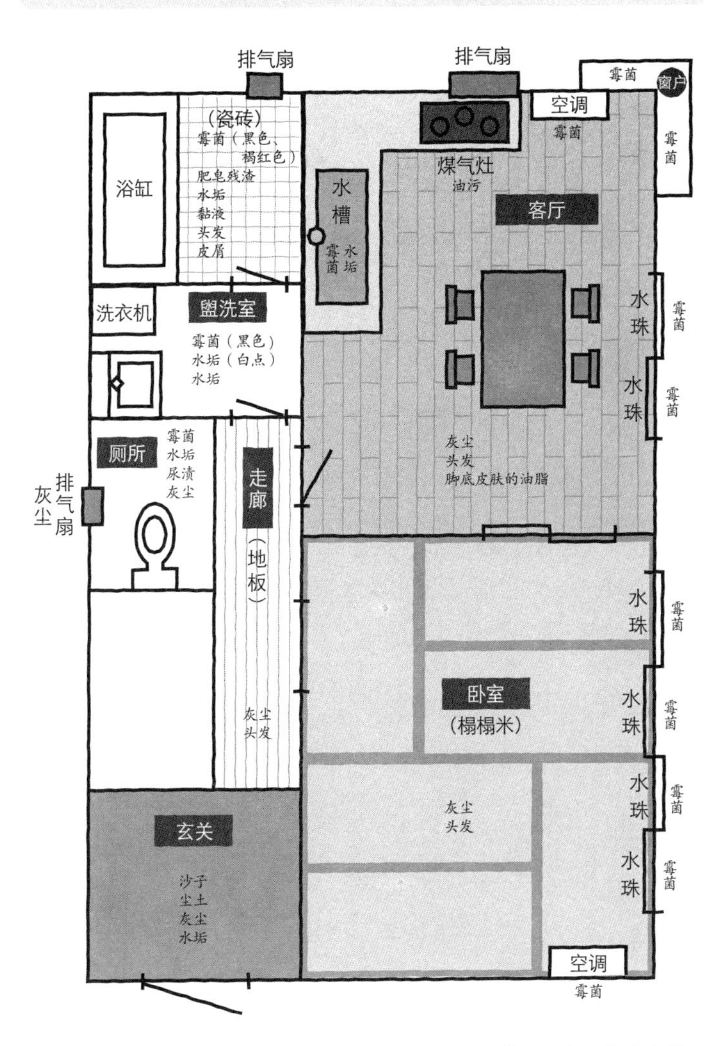

不同场所的脏污种类是不一样的。经常用水的厨房、浴室、盥洗室等处的水垢和霉菌比较多，玄关的沙土更多，客厅、卧室、走廊等区域则灰尘和毛发比较多。

房间角落和物体周围容易积灰

请大家试着回想一下，厕所里的踩脚垫和盥洗室的体重计，外面那一圈是不是很容易积灰?

这是因为，在受到人或物体移动产生的气流的影响时，地上的灰尘容易集中在房间的角落和物体周围。

另一方面，走廊正中的通风比较好，不易积灰。

我曾做过一个实验，在六天不打扫的前提下，用LED灯观察走廊正中和两边的灰尘积累情况，其结果完全不一样（详见下一页）。人在家中走动或者打开玄关的大门时，过道中央就会产生气流，灰尘则被吹向两边。因此，走廊正中是不积灰的。

此外，家中的空气会随着换气扇的风流动。如果厨房和浴室的换气扇一直开着，气流就会往那个方向去。因此，装有换气扇的房间地面很容易积灰，而气流通过的地面反而不易积灰。

灰尘从走廊中央往边角处移动

走廊边上

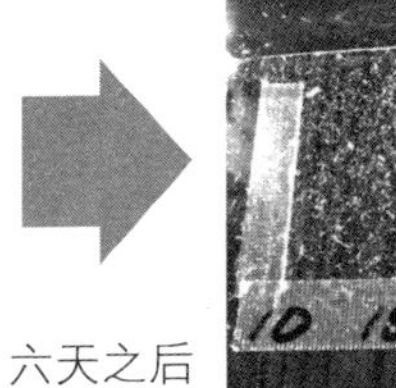

六天之后

每当有人通过走廊，气流就会带着灰尘向两边飞，因此走廊的两边特别容易积灰。只要六天不打扫，用 LED 灯照一下，你就会看见非常多的积灰。

走廊中央

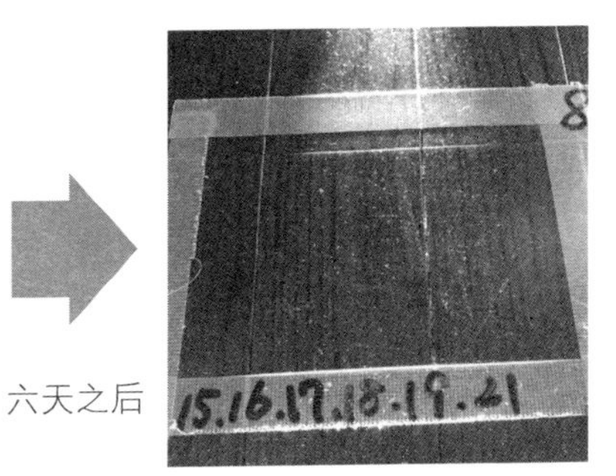

六天之后

因为走廊中央经常有人走动，灰尘都被气流带往两边了，所以六天之后也没什么积灰。

因此，与其拼命打扫走廊中央，不如把重点放在容易积灰的边角处，这样打扫效率会更高。

由于静电的影响，电视机和电脑等家电也十分容易吸引灰尘。之前我也讲过，空调下方受气流影响容易积灰，如果你再把电视机或者电脑放在空调下面，那就可以说是“雪上加霜”了。

由此我们可以看出，家中积灰有一定的规律，对一些特别容易脏的地方我们应当做到心里有数。把打扫的重点放在特别容易脏的地方，其余的地方可以简单带过，这样做不仅能提高效率，而且可以预防疾病。

打扫时千万注意不要扬尘。用平板拖把或是微纤维抹布，从灰尘较多的地方开始打扫，尽量离身体远一点，朝着一个方向慢慢移动即可。

吸尘器也尽量选择排气口位置比较高、没有电源线的型号。

从哪个区域开始打扫也是有讲究的。肯定有很多人先从靠近墙壁的边上开始打扫。但是，这样做有一个问题：之后打扫中间的时候，灰尘会再次飞向两边，等于白费功夫。因此，正确的顺序应该是先中间后角落。如果没时间的话，只打扫角落也可以有效减少灰尘。

提前搞清楚家中脏污的聚积方式可以提高打扫效率。打扫地面的顺序是先中间后两边。

Point 23

知道污渍的种类
可以提高打扫的效率

通过颜色辨别污渍的种类

打扫卫生时，让大家感到困扰的也许是无法一眼就能分辨出污渍的种类吧？如果不能辨别污渍的种类，就不知道该用哪种清洁剂。对此，我的建议是先确认污渍的颜色。

当然，污渍的颜色分好多种，下面我将介绍几种具有代表性的污渍颜色。

淡红色的污渍。会出现在便池内部、洗脸台、浴室等场所，是细菌繁殖所造成的。

白色的污渍。是肥皂的油脂和人体的皮脂与氯、钙、镁等物质反应产生的，也就是所谓的水垢。它经常附着在洗脸台上。用手指摸一下洗脸台，如果感觉有点粗糙的话，油脂、皮脂等污渍肯定不少。大肠杆菌及容易引发机会性感染的黏质沙雷菌等细菌，在易生水垢的地方比较容易繁殖。

黑色的污渍。最普遍的是霉菌。此外，烹饪时飞溅出来的汤汁和被烧糊了的油炭化变成的黑色污渍也比较常见，这会造成灶台周围很容易出现蟑螂。不仅如此，这些污渍还含有沙门菌、志贺杆菌、伤寒杆菌、大肠杆菌、脊髓灰质炎病毒等多种病原菌。

褐色的污渍。最具代表性的是厨房油污。因长期暴露在空气中被氧化变黑，然后又接触自来水里的硅酸根离子，就这样重复干湿变化，积累起来就变成了褐色。水龙头的出水口也经常附着一圈这样的污渍。

灰色的污渍。最常见的就是灰尘。如果长期不清理，就会和其他污渍融为一体，变得很难去除。吸饱了水分的灰尘会变得黏黏的，更难处理，其中滋生的大量病菌也让人十分头疼。

就像上文所描述的，污渍必定是有颜色的，便于人们发现哪里干净哪里脏了。

一想到打扫卫生可以预防疾病，很多人就忍不住立刻动手清理。但首先你要考虑的是把这些有颜色的污渍清理到肉眼看不出来，然后再干其他的。放平心态，一步一步慢慢来吧。

预防疾病小贴士

最常见的污渍颜色有淡红色、白色、黑色、褐色、灰色等，打扫时尽量先把这些有颜色的污渍清除到肉眼看不出来，可有效去除其中的病菌。

Point 24

给打扫卫生定个执行标准

定个标准可以减轻压力

在常年打扫医院和养老院的职业生涯中，我最看重的就是给打扫的范围定个标准。无论打扫哪里，肯定会需要多名清扫人员分工合作，而个人的能力也不尽相同，合理分配工作就是我需要做的。要想持续提供高质量的清扫服务，定标准这件事就尤为重要。

同理，定标准的方法也完全可以应用于家庭。

保持房间干净整洁最重要的一点就是，每天清理容易积灰的地方。

现代社会大家每天都忙得连轴转，有的人眼看着家里一天一天地积灰，心里烦躁不安却装作看不见，就这么得过且过。而有的人则无论多忙都要花大力气把家中里里外外都打扫干净，不仅费时费力，还徒增压力，只会让自己越来越讨厌打扫卫生。

为了避免出现这种情况，我在上一节也说过，在保证有效预防疾病的情况下，最好定一个打扫范围的最低标准——

也就是说，只打扫某处就行，其他的暂时不用管。这样做不仅能改善房间的卫生状况，还可以保持良好的精神状态，从而养成定期打扫卫生的好习惯。

灰尘总量直观体现打扫成果

打扫范围，也就是“打扫目标”，具体参照什么标准制定十分关键。虽然一般来说是以地点和花费的时间进行划分，然而我更推荐把这个标准设定为“清理出来的灰尘总量”。

用平板拖把拖地的时候，有积灰较多的地方和不那么多的地方。有关这一点我在第 4 章的开头说过，不同场所的来往频率和使用频率不一样，积灰的程度自然也不尽相同。通过打扫，记下每个场所的灰尘多少，容易脏的地方就增加打扫频率，反之则减少打扫频率。这样做对于日常忙碌的人来说是最有效率的。

有意识地将清理出来的灰尘收集在一起，不仅可以实际体会到打扫的成果，还能增添打扫的动力，可谓一举两得。打扫的时候一定记得按照我之前说的，尽量不扬尘以充分聚拢垃圾。

虽然没有吸尘器那么明显，用平板拖把清理地面的灰尘时，在停止移动拖把的那一刻，也会有很多肉眼看不见的灰尘四处飞散。肉眼可见的灰尘最小直径是 70 微米，也就是一根细头发的横截面直径大小。拖把停下来的瞬间，比 70 微米还小的、肉眼不可见的带菌灰尘，会向着前方的空气飞散开来。

这其中的原因是什么呢？答案就藏在移动拖把时产生的气流中。

移动拖把，其周围必定发生空气流动。拖把前推时，其前端部分会遭遇空气阻力，阻碍周围及后方空气的进入，因此在拖把前移的过程中，聚积的灰尘不会从前端飞散到四周。

但是，在拖把停止移动的瞬间，前端的空气阻力骤减，后方以及四周的空气一齐流入前方，使得聚集在前端的灰尘飞散到空气中，打扫的效果就打了折扣。拖把推动速度越快，受到的空气阻力越大，突然停下时带起的气流也就越猛，扬起的灰尘也越多。因此，移动平板拖把时动作要轻，且不放过任何一个角落。

为了解决平板拖把扬尘的问题，我还为公司员工发明了一款新型打扫工具。它集拖把和扫帚的优点于一体，拖把头是透明的，盖子下方可供空气流动，可以有效防止灰尘四处飞散，进而降低感染疾病的风险。

打扫时，要防止灰尘四处飞散。每次打扫都能回收到同样数量的灰尘时，就说明你把房间的卫生保持在固定的水准上了，可以安心度过每一天。

预防疾病小贴士

定期打扫卫生能够有效降低感染的风险。确认实际清理出来的灰尘总量可以激发动力，从而使房间长久地保持干净整洁。

Point 25

时刻注意不要把清理干净的地方再次弄脏

打扫时注意归置物品，洗手时远离出水口

虽然可以在一年一次的大扫除中把平时不怎么打扫到的地方全都清理干净，但是，哪怕是为了降低感染疾病的风险，同时让大扫除时的工作更加轻松，在平时的生活中，也应该注意保持房间干净整洁。只要我们养成定期打扫卫生的好习惯，就能使房间长期保持干净整洁。那么，具体有哪些注意事项呢？

我给大家提两点建议。

第一个是物品的归置。就像我在前文中说的，东西越多，周边的灰尘越多，自然而然细菌和病毒也就越多。不要的东西就处理掉，尽量从源头上减少积灰。还有就是用过的东西立刻放回原处，不要随手乱扔。

第二个则是留意经常用水的地方，比如厨房、厕所、浴室等。大家洗手的时候，手是不是离出水口很近？这样做会使大量水滴飞溅到四周，如果不及时擦干，很容易产生水垢，滋生绿脓杆菌。因此，我们在洗手时应注意使出水量大小适中，然后把手放在出水口下方远一点的位置。这样做可大幅减少

水滴飞溅，即使溅出一点水也可以立刻擦干，之后的打扫工作就会变得更轻松。

正是这些细节决定了房间的干净程度，希望大家平时要多注意。

如何防止厕所里的尿液飞溅?

厕所里飞溅的尿液永远都是一个令人头疼的问题。特别是有男孩子的家庭，你前脚刚刚打扫干净，他后脚又给你搞脏了，这种重复性的工作让人十分疲惫。

最近市面上有一种叫作“小便防溅提示贴纸”的东西，把它贴在便池内壁，然后对准了小便，可以防止尿液四处飞溅。另外，上厕所时尽量离坐便器近一点也可以防止尿液溅出。

如果是年纪小的男孩子，可以在便池里放一个卫生纸团，让他瞄准纸团再小便。这样做会给小孩子一种玩游戏的感觉，同样能够防止尿液飞溅。

预防疾病小贴士

家里摆的东西越多越容易积灰，因此要定期整理和归置物品。洗手时，手离出水口远一点可以避免水滴飞溅，降低感染绿脓杆菌的风险。

Point 26

变换家具的位置 就能使打扫变得更加轻松

家具摆放凌乱容易造成积灰

清理家中各个地方的灰尘是一件费时费力的事情。与其每次大费周章地打扫所有的地方，不如先创造一个容易打扫的环境，让灰尘聚集在固定的几个地方，这样处理起来就会方便得多，轻轻松松就可以保持房间干净整洁。

那么我就来说一下如何创造一个易于打扫的环境。首先我强调一下大前提，也就是“人或物的移动会引起空气流动”这个法则。

如果家里的家具和东西比较多，就相当于多了好些个“小墙壁”。与走廊两边容易积灰一样，当人经过家具或者其他物体之间时，这些家具和物体的侧面也变得容易粘灰。

如果灰尘的总量不变，比起分散在各个角落，还是集中在几个特定的地方更容易清理吧。如果房间是空的，那么只需重点打扫墙角即可。但是，现实中几乎没有人住这样的房间。

房间清爽有序，则灰尘不易分散在各处

我们要做的是，尽可能减少容易积灰的地方。比如说，把家具紧贴墙壁尽量不留缝隙。或者，在家具之间、家具和墙壁之间留足空间以便打扫。

此外，凹凸设计较多的家具也很容易积灰，所以买家具时应尽量选择平整的款式。选择婴儿床和双层床也是一个道理，可以的话还是买四四方方的床比较好。在挑选床架的时候，尽量选择不是四根柱子支撑，而是底层紧贴地面的那种。

根据上述方法挑选的家具，不仅看着清爽，打扫起来也很轻松，更重要的是可以有效降低致病风险，保持身体健康。

要想房间不容易积灰，家具摆放需要注意两点：要么紧贴墙壁不留缝隙，要么留足空间方便打扫。

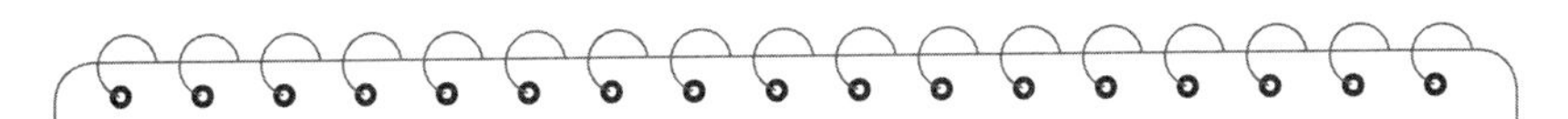

只是待在有烟味的房间也会得肺癌吗？

吸二手烟的问题一直以来都受到社会的关注，然而，丹娜法伯癌症研究院早在2009年就发表了一项“要对三手烟提高警惕”的研究报告。

一手烟，顾名思义，就是直接吸烟。二手烟，则是吸别人抽烟时散发的烟雾。那么，“三手烟”又是什么呢？

置身于烟草燃烧产生的烟雾中一段时间，即便接下来转移场所，衣服、头发上还是会残留烟臭味。实际上，不仅是味道的问题，烟草的有害物质也都粘在了衣服和头发上。更可怕的是，这些有害物质如果不立刻洗掉，仍有可能继续释放。如果吸入这些物质，同样会对人体

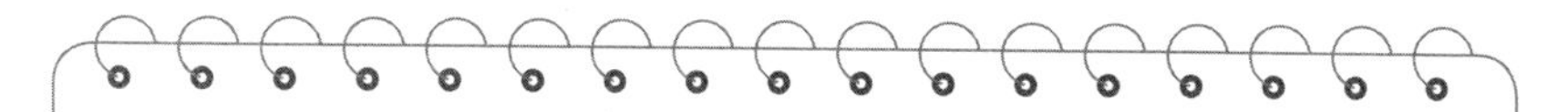

造成不良的影响。这就是所谓的“三手烟”。

衣服和头发洗一洗就可以去除有害物质，但问题是，房间的墙壁和地毯可不是说洗就能洗的。

而三手烟最恐怖的地方在于，其有害性会随着时间的流逝而增加。烟草的有害物质尼古丁和空气中的亚硝酸反应会产生强烈的致癌物质——亚硝胺。还有研究表明，三手烟的危害程度和实际吸烟一样。也就是说，吸三手烟的人将来也有可能得肺癌。

这也就意味着，即便自己不吸烟，但是长期待在有烟味的房间，也会在不知不觉间对健康造成危害。

后 记

打扫卫生需要同时具备物理知识和化学知识。

污渍与清洁剂产生化学反应被分解，然后通过物理上的力的作用被擦干净。而灰尘则按照气流、引力等相关的物理法则，在空气中移动扩散。

本书根据相应的科学原理，向大家介绍了更为高效的打扫方法。今后，当你觉得打扫卫生很麻烦，不愿意动的话，我接来下要说的话应该会对你有所启发。

你所掌握的，是有明确科学依据而且效果显著的打扫方法。毫无疑问，按照这个方法，你越打扫家里越干净，病原体和感染疾病的风险也会大幅度减少。这件事对于自己和家人的健康来说，是非常重要的。

然而令人遗憾的是，在我工作的医院和一些机构里，有相当一部分清扫人员并不理解这份工作的意义，也不能尽善尽美地完成这份工作。在他们看来，打扫卫生这种不值一提的工作谁都能做。

但是我的看法却全然不一样。要我说，这种想法根本就是不可取的。

打扫卫生绝对不是什么不值一提的工作，它对于人的身心健康有着非常深远的影响，是非常值得尊敬的工作。虽然这份工作比较不起眼，真正想从事它的人没那么多，但正因如此，才显得令人尊敬，不是吗?

不管是在家里搞卫生，还是在外作为工作搞卫生，二者的出发点都是一样的，那就是为了自己或者他人的健康。

如果本书介绍的打扫方法能够为你的健康贡献一点力量，那我真是太开心了。而且，我根据常年打扫医院的经验总结出了缩短时间的打扫小诀窍，希望它能够帮你节省出时间来多陪伴家人和做自己喜欢的事。

改变医院的打扫方式这一活动我虽然持续了近 30 年，但有时候，因为他人的不理解，我也会感到灰心丧气。

然而我之所以能够一直坚持到今天，是因为有着更多人的理解、鼓励与支持，其中包括一直支持我的家人、可靠的同伴、各个设施的工作人员，等等。我也要借此场合表达我一直以来的感谢之情。

除此之外，我还必须感谢江建先生、伊藤美贺子女士、赤坂野惠女士、鸨田胜弘先生以及负责编辑的金谷亚美女士，在我不能准确表达我的意思的时候，他们给予我很多帮助。而我最应该感谢的，是一直读到这里的各位读者。在此，向大家表达我最衷心的感谢，真的非常谢谢你们。

松本忠男

2017 年 11 月

参考資料

●花王株式会社「ホコリ意識・実態調査で、室内のホコリ中に、菌やカビの存在を確認」２０１４（平成26）年
http://www.kao.com/jp/corporate/news/2014/20140822_001
●一般社団法人 家庭電気文化会「家電の昭和史」
http://www.kdb.or.jp/syowaeacon.html
●内閣府「消費動向調査」２０１７（平成29）年
●日本防菌防黴学会『日本防菌防黴学会誌ｖｏｌ．44』２０１６（平成28）年
●ライオン株式会社「トイレの床にたまったホコリ〝トイレダスト〟は菌まみれ?!〜家庭内で最悪のホコリ〝トイレダスト〟の実態〜」２０１５（平成27）年
http://lion-corp.s3.amazonaws.com/uploads/tmg_block_page_image/file/2010/20150407.pdf
●倉原優（著）『もっとねころんで読める呼吸のすべて：ナース・研修医のためのやさしい呼吸器診療とケア２』メディカ出版 ２０１６（平成28）年
●日本機械学会（編）、石綿良三・根本光正（著）『流れのふしぎ 遊んでわかる流体力学のＡＢＣ』講談社 ２００４（平成16）年
●国立感染症研究所　感染症情報センター「多剤耐性緑膿菌感染症」２００６（平成18）年
http://idsc.nih.go.jp/disease/MDRP/MDRP-7b.html
●ＮＨＫ健康チャンネル「浴室で感染しやすい肺の病気『肺ＭＡＣ症』とは」２０１７（平成29）年
http://www.nhk.or.jp/kenko/atc_501.html
●独立行政法人 環境再生保全機構「すこやかライフＮｏ．43 子どもの成長とアレルギー『アレルギーマーチ』から学ぶアレルギー疾患の予防と管理」２０１４（平成26）年
https://www.erca.go.jp/yobou/zensoku/sukoyaka/43/feature/feature02.html
●厚生労働省「アレルギー疾患の現状等」２０１６（平成28）年
http://www.mhlw.go.jp/file/05-Shingikai-10905100-Kenkoukyoku-Ganshippeitaisakuka/0000111693.pdf
●矢野邦夫（著）『ねころんで読めるＣＤＣガイドライン』メディカ出版 ２００７（平成19）年、『もっとねころんで読めるＣＤＣガイドライン』メディカ出版 ２００９（平成21）年
●フロレンス・ナイチンゲール（著）『看護覚え書―看護であること看護でないこと』現代社 ２０１１（平成23）年
●日本防菌防黴学会（編）『菌・カビを知る・防ぐ60の知恵 ―プロ直伝！防菌・防カビの新常識―』化学同人 ２０１５（平成27）年
●ＮＰＯ法人 カビ相談センター（監修）、高鳥浩介・久米田裕子（編）『カビのはなし ミクロな隣人のサイエンス』朝倉書店 ２０１３（平成25）年
●小原淳平（編）『続・１００万人の空気調和』オーム社 １９７６（昭和51）年
●松本忠男・大谷勇作（著）『病院清掃の科学的アプローチ』クリーンシステム科学研究所 ２０００（平成12）年
●月刊ビルクリーニング誌コラム「松本忠男の病院清掃覚え書」クリーンシステム科学研究所
●「クリーンルームメールマガジン」シーズシー有限会社